嶄新提問法，
業績一直來一直來

難推銷世代的新攻略

THE NEW MODEL OF SELLING
Selling to an Unsellable Generation

Jerry Acuff　Jeremy Miner
傑瑞・艾卡夫　傑洛米・邁納 ——著　陳依萍——譯

目次

【推薦序】銷售是一場深度互動與共鳴的藝術　范永銀　010
【推薦序】從內而外改造，成爲更有價値的銷售人　解世博　014
好評推薦　017
前言　從神經質的銷售業務，變成運用神經情緒科學的說服力高手　021

第一章　銷售中最大的問題

問題一：銷售定義不一致　039
問題二：以前的銷售模式已經過時　040
問題三：向潛在客戶施壓無效　043
問題四：客戶「必須」想要你的產品　045
問題五：消費者和時代變了　048

問題六：舊方法引發銷售阻力 053
問題七：信任已死 056
現代銷售成功的神聖三角 060

第二章 銷售迷思與銷售現實

銷售迷思一：銷售是一場拚數量遊戲 064
銷售迷思二：拒絕只是銷售的一部分 066
銷售迷思三：你必須對自己的產品或服務充滿熱情 068
銷售迷思四：銷售機會是在最後一刻消失 069
銷售迷思五：如果預設對方會買，他們就會買 070
銷售迷思六：一定要成交——成交的ABC法則 072
新銷售模式的五個關鍵原則 074

第三章 通過守門員關卡

對待守門員，要像對待重要資產 078
你只有八秒說服人聽你說話 081
個人化開場介紹 086
把守門員當人看 094
先搞清楚守門員是什麼來頭 096
信任要件隨著關係而來 097
不會產生銷售阻力的陌生電銷 101
怎麼才能得到對方推薦 112
留下對方會回電的語音訊息 118

第四章 以客戶為中心

很少有銷售業務知道該怎麼做的事：放下操控 128

不帶成見，讓客戶自己說出看法 131
面對買家的ＥＱ 135
別再吸一廂情願鴉片了 137

第五章

用自己的聲音施展力量

說話停頓，效果勝過任何用字遣詞 140
說話時的提示，讓對方感受到你在聆聽 141
調整聲音調性，促進更有信任感的連結 143
神祕感、意外感、好奇心，吸引注意力 144
講出你的故事 146
對方只給你兩分鐘時 148
重新調校溝通技巧，順應人類行爲 149
銷售對話解析 154
選擇營造安心環境的用字遣詞 156

第六章 聆聽和探究資訊

開放式聆聽 166
從CEO視角學聆聽 168
聆聽的訣竅 175

第七章 提問的順序

引發興趣的開場白 184
出色提問的結構：意圖、內容、條件 187
提問的流程與聚焦的重點 189

第八章 到底要推銷，還是不推銷？

銷售的初心有八大法則 194

建立關係的提問 197
了解現狀的提問 206
打電話給潛在客戶的步驟 210
了解現狀的提問運用在不同行業的範例 213

第九章 互動階段

覺察問題的提問 218
把陳述句變成問句 221
兩個眞相並存 224
深入、探索後果及釐清性的提問 230
覺察解決方案的提問 237
模擬情境，化解疑慮 242

探索後果的提問 247
篩選條件的提問 251
互動階段會發生的五件事 258

第十章 過渡階段

建構提案和簡報 265
把提案變成基本的契約／協議 268
精心準備贏得客戶的簡報 268
準備致勝的簡報 269
簡報致勝的三步驟公式 275
了解令人畏懼的「反對意見」 280
假設性問題，探究其他疑慮 292
應對你無法滿足的要求 295
幫人自己解決問題 297

第十一章　承諾階段

傳統的推進成交提問　320

提請承諾的提問　328

第十二章　商務關係再進化

行程承諾　339

不斷做五件事來拓展業務　342

終章（但其實是起點）新世界，新模式，全新的面孔是誰？　355

致謝　364

推薦序

銷售是一場深度互動與共鳴的藝術

范永銀

在過去二十五年資訊業的外商銷售生涯中，我目睹了許多菁英銷售員的成長，也深刻體會到銷售是一個需要不斷進化的專業。在資訊透明、客戶需求快速變化的今天，唯有持續學習，才能在競爭中脫穎而出。正如《黑豹》中舒莉公主所言：「一件事還過得去，不等於沒進步空間。」這對銷售人員尤其具有啓發性。

《難推銷世代的新攻略》爲現代銷售挑戰提供了新視角，特別是書中提到的NEPQ提問技巧和顚覆傳統的銷售策略。這些方法與我多年來實踐的銷售技術MEDDIC框架方法相輔相成。兩者皆以客戶爲中心，但在應用層面上略有不同：MEDDIC側重於結構化的流程管理，而NEPQ則更注重深度的人際互動。

MEDDIC：結構化銷售管理

MEDDIC是一套讓銷售過程變得可預測且有效的業務技巧，幫助銷售團隊精準執行每個環節：

一、**衡量指標**（Metrics）：客戶導入方案後的ROI（投資報酬率）產出、實際效率等關鍵成效數字。

二、**決策買家**（Economic Buyer）：確定影響決策的核心人物，將資源聚焦於關鍵對象。

三、**決策標準**（Decision Criteria）：了解客戶在選擇解決方案時最看重的規格條件，例如：公司面、技術面及產品服務面等。

四、**決策流程**（Decision Process）：掌握客戶內部的決策流程，包括誰參與決策、每個階段的審批時間和流程細節，確保銷售進度不會因缺乏資訊而停滯。

五、**痛點識別**（Identify Pain）：精準定位客戶的痛點，展現解決問題的能力。

六、**擁護者**（Champion）：在客戶內部建立支持者，推動合作順利進行。

NEPQ：情感互動的力量

然而，僅靠結構化管理已不足以應對現代客戶的複雜需求。NEPQ（Neuro-Emotional Persuasion Questions）強調透過設計問題引導客戶表達需求，並利用人性化溝通建立信任。例如：「覺察問題的提問」幫助你和潛在客戶探索他們遇到何種挑戰，以及這些問題如何影響他們。「覺察解決方案的提問」促使他們心甘情願來解決問題，並與你一起解決問題，同時幫助他們展望一旦問題解決後，未來是什麼樣子。

NEPQ的提問技巧能深化客戶自我覺察，最後自己說服自己接受你提出的解決方案。當MEDDIC幫助我們找到客戶痛點後，NEPQ則透過情感層面進一步說服，實現理性與感性的雙重影響。

我認爲，頂尖銷售員通常要具備以下三項核心能力：

一、**建立信任**：以專業與誠懇的態度贏得客戶的信任。現代客戶更需要值得依賴的合作夥伴，而非單純的推銷員。

二、**精準提問**：NEPQ的提問技巧是銷售成功的關鍵。透過精心設計的問題，能引導客戶深入思考，並主動接受解決方案。

三、**持續學習與成長**：技術與市場的快速變化要求銷售員保持學習熱情，持續提升自己的技能與視野。

這些能力讓銷售員能同時建立信任與說服力，在激烈競爭中脫穎而出。

銷售不僅是推銷產品，更是一場深度互動與共鳴的藝術。MEDDIC的結構化框架與NEPQ的情感互動，爲現代銷售提供了兼具科學與人性化的策略。成交只是服務的起點，頂尖銷售員應與客戶攜手合作，完成效益衡量指標（Metrics），創造長期價值。

眞正的成功，來自於客戶的信任與口碑行銷，這是無法取代的資產。銷售是科學也是藝術，但重要的還是客戶，這也是亞馬遜十四條領導原則中的第一條：客戶至上（Customer obsession）！

（本文作者爲美商科睿唯安前台灣區總經理）

推薦序 從內而外改造，成爲更有價値的銷售人

解世博

從事銷售輔導的工作已有十五年的時間，這幾年，各產業的業務主管最常問我的就是：「現今銷售難度越來越高，該怎麼脫穎而出？」在我心中，這個問題的解答，絕非只是靠單一技巧，或是某個環節的改變就能扭轉。必須由內而外的檢視「銷售業務的表現是否符合客戶期待的價値，成爲客戶喜歡的銷售人？」而《難推銷世代的新攻略：嶄新提問法，業績一直來一直來》正是提供這樣的方向指引與具體實踐。

我常說：「你的想法，會決定你的樣子。」在課程中，我會問學員：「銷售工作的本質是什麼？」許多人認爲銷售的目的就是爲了成交，但這樣的狹隘定義，難怪銷售業務所表現出來的，都是急於推銷。我相當認同作者所說的這段話：「銷售的主要目標是與潛在客戶互動，並判斷是否有銷售機會。」試想，若是用這樣的視角出發，

銷售業務的目標就不再是爲了成交，而是協助客戶發現問題。我相信，這是客戶會想見的銷售人。銷售人也能因此而更有價值展現。

我們都同意，成交的前提，是建立在信任基礎上。但可惜絕大多數的銷售業務在建立信任這件事上，著墨過於淺層。常在簡單噓寒問暖後，就直接「帶貨」介紹起產品，可想而知，隨後延伸而來的，就只有一連串的拒絕與反對問題。在客戶眼中，他們只是一名推銷員、產品解說員而已，這絕不是頂尖銷售人該有的樣貌。也難怪無法贏得客戶信任。而解方就是本書作者強調的「以客戶爲中心」，才能建立起信任基礎。

這本書，讓我印象深刻的是，將「提問」提升到銷售的核心位置。提問不是一種輔助技巧，而是銷售人的價值放大器。**銷售人，要能問出可以讓客戶思考的問題，啓發他們去探索自己的需求，而非急於展示解決方案**。透過作者提出的「ＮＥＰＱ提問祕訣」體現出以人性爲基礎、以客戶爲中心。透過書中的豐富案例，讓提問不再只是「溝通的開端」，而是建立信任、啓發客戶、引導價值的過程。這不但讓銷售變得更輕鬆，更能讓我們的工作充滿意義。

如果你希望在銷售的道路上走得更遠、更穩，這本書將成爲你不可或缺的夥伴。它會幫助你打破「難推銷」的迷思。《難推銷世代的新攻略：嶄新提問法，業績一直來一直來》不僅是一部銷售技巧書，還能讓你從內而外改造，成爲更有價值的銷售人！

（本文作者爲超業講師／行銷表達技術專家／Podcast 銷幫幫主）

好評推薦

從潛在客戶的角度思考是一回事，但提出巧妙且可複製的方式來創建出清晰的銷售結構，還能在任何行業贏得成功，又完全是另一回事。

本書會這麼出色，是因為它讓銷售「人性化」的好點子，轉化成一個易於遵循和執行的戰術框架。這部銷售天才的作品提出的方法符合人類天性，讓整個過程從建立關係到成交都流暢無縫。

——萊恩・塞爾漢，《一出手就成交》作者

無論你的客戶是誰，你服務的行業是什麼，無論是B2B、B2C，或者只是想在日常生活中說服別人，本書揭開影響力和說服力的神祕面紗，為所有每天與別人打交道的人提供一種世界級的溝通方式。

——布蘭丹・肯恩，《百萬粉絲經營法則》和《鉤引行銷》作者當客戶的行爲或購買方式不再像以往那樣時，許多從事面對面、電話或線上銷售的人因此陷入自我懷疑……本書解釋了其中原因，還告訴你如何趕快修正這個問題，在身處的行業中取得巨大的成功。本書從一個全新、不同的方向來談銷售，就像《駭客任務》裡的「紅色藥丸」打開你的視野，讓你看到一個充滿可能性和收入無上限的全新世界。

——羅素・布朗森，《流量密碼》和《專家機密》作者

如果在工作上必須說服人，這本書非讀不可。太多從事影響別人工作的人，沒學會如何運用對人類行爲的理解來眞正說服人。本書傳授的觀點，讓你大幅減少銷售阻力，而且在任何需要說服人的情況下，成功率可以大增。

——布茲・威廉斯（Buzz Williams），德州農工大學籃球隊總教練

這本書是專門爲眞正立志成爲客戶心中出色、無可挑剔專業人士的人而寫，讓你有別於眾人以往遇過的銷售人員。

傑瑞深厚的經驗基礎、無與倫比的詮釋和傳授銷售技巧的能力，改變了我的生活，

我相信他也能改變你的生活。在本書中，兩位全世界最優秀的銷售專家指導你，在常常使人眼花繚亂的數位及演算法世界中，如何對客戶產生眞正的個人影響。

——大衛・史諾（David Snow），雷傑納榮製藥公司資深副總

教練必須具備說服力，否則恐怕招募學員效果不彰。這本書是精采傑作，能幫助任何想要用出類拔萃的方式來傳達價值主張的人，而且能在無壓力、專業的方式下取得超越以往的成果。

——赫伯・森戴克（Herb Sendek），聖塔克拉拉大學籃球總教練

各行各業的銷售人員都會發現，這本由世界兩大頂尖銷售專家寫的著作是相見恨晚的資源，能一掃銷售遇到的阻力，並帶來超越以往的銷售成績。此外，書中陳述的實用知識適用於任何商業環境中。它剖析的方法能幫讀者改變一些行爲，又不會犧牲自身風格。

——凱莉・蘇利文（Kelly Sullivan），Blue Stream Fiber 的資深副總

在以數位爲優先的世界裡，消費者變得與以往不同。傳統的銷售方法已經過時，而且效果不彰。這本書提供了成功的關鍵，幫助你能在當今顧客希望的時間、管道和方式接觸他們。將神經科學應用於銷售流程，爲我們帶來脫胎換骨的轉變，你也能獲取同樣成效。

——凱西．沃特金斯（Casey Watkins），Quility 保險公司及 Symmetry 金融集團的共同創辦人和執行長

任何銷售相關人員一定要讀這本書。如果你是銷售業務、企業家或銷售團隊主管，這本書教導你如何發掘珍貴資訊，讓你了解潛在客戶的狀況，甚至他們原本也不知道有的問題！它開創了一個自我說服的新過程，學起來簡單，使用起來又很愉快。如果你想要更好的銷售成果，就讓這本書引導你獲得銷售佳績。

——傑哈德．格史汪納（Gerhard Gschwandtner），《銷售力》雜誌執行長

前言

從神經質的銷售業務，變成運用神經情緒科學的說服力高手

一件事還過得去，不等於沒進步空間。

——舒莉，《黑豹》

我們這些從事銷售的人，近來常發現自己身處於一個不怎麼精采的平行宇宙。想想看，過去那種用陌生電銷的老方法獲取的客群，恰恰被時下大家賴以爲生的科技給消滅掉。好險，科技還沒有取代掉衛生紙，現在要把衛生紙賣出去還是綽綽有餘。不過，我們這些銷售業務可不能輕易被「抹除」。只是，當我們還在用建造世上第一輛汽車的工具時，卻發覺自己面對的是自駕特斯拉在街上跑的世界，必須設法跟上時代的腳步。

瓦干達的公主舒莉是漫威神話王國中的科技大師，她說的話很有道理，而且超級英雄陣線的人封她爲漫威漫畫宇宙中最聰明的角色，也不是隨便說說的。不過說到底，在現實生活中（尤其是當今世界），不是人人

都像舒莉這種幸運的虛構角色，也沒有超猛的天才能力和泛合金來輔助自己征服新王國和登上王位。身處銷售這一行的我們，常覺得自己好比是黑白漫畫中的太空飛鼠，要對戰鮮活彩色電影裡 8K 像素的美國隊長。

這世界似乎已經變成一個只能在漫威宇宙中存續的樣子，而我們這些銷售業務只得喚起內心的超級英雄，拚命對很難推銷的世代銷售產品，而這個世代對強大又充滿變化的網際網路的依賴，就像蜘蛛人編織蛛網穿梭於黑暗不安的大城市一樣，基本上，什麼事都靠它。

沒有「推銷不了的世代」，只有不相容的世代

現今的買家充滿疑心，不像過去那樣信任銷售業務（或任何人），因爲他們有海量的資訊能即刻取得，所以也沒那麼信任所謂的專家。事實上，有些人甚至自詡爲「谷歌大學的畢業生」，當自己是專家。他們到底算不算呢？其實不好說。以下這句話改編自美國饒舌歌手聲名狼藉先生的一句歌詞：「谷歌搜尋越多，問題越多。」①買家

的防備，就像那道你不想付費訂閱就不能讀的惱人付費牆一樣，你一個字都還沒吐出來，障礙老早就升起來。

銷售這行傳授的方法，有很多不只會讓人想喊出「行了，老人家」（也就是還搞清楚怎樣操作錄影機的落伍技巧），還是擋在我們與客戶之間一道無法穿透的防火牆。這些老方法或許有種懷舊的魅力，就像黑白照片，不過實際用起來只會扯人後腿。它們很適合當做「今昔對比」的梗圖題材——老一輩銷售業務最愛拿來講古、說說當年勇。當然，其實這樣也沒什麼不好，但頂多只能流連酒吧，聽聽國民金曲後空手而歸。至於要成功銷售的話，恐怕還沾不上邊呢。

聽著，懷舊和歷史很棒，但以火力來說，沒辦法拿到今日的銷售戰場上陣。老爸那輩的，甚至到爺爺奶奶那一輩的都不堪用了。借用《星艦迷航記》的台詞，銷售業務的任務是要超越過去認定是最前線的地方，「探索陌生的新世界，尋找新生命和新文明，勇踏前人未至之境」！

---

① 譯注：原歌詞是「錢越多，問題越多」。

想要在銷售領域獲取輝煌成就的人，一定要用新的點子、手段和技巧來闖蕩新領土。要把自己當做那個「叫經理出來，結果對方不甩妳」的爆氣大媽，拿出魄力將你學過的絕大多數銷售知識徹底作廢。因爲如果現在還用過時的銷售方法，只會讓你在商場上混不下去。

對對對，你可能用過時方法也還過得去，但就只是勉強應付而已，無法達到得心應手的程度。用 Sony 隨身聽來看抖音影片，就是行不通，還讓你很抓狂。無論你用盡目前在職場上學到的所有技巧，拚命想播出影片，結果還是很難用，或是根本播不出來。可是你又想掌握最夯話題，以資訊呼之即來的世代來說，你還要搶先看。

我們不吃浪費時間那一套。浪費時間的辦法可多了（比如看抖音）。本書就是要避免浪費時間，讓你省下寶貴的幾小時和幾分鐘，並在其他企業和銷售專員之中脫穎而出。不過重點在這：我們不僅要轉變你的銷售成績，還要轉變你和全世界看待銷售的觀點。

這個迷幻級的轉變會把「進入買家思維」帶到新的層次——**人性化的層次**。沒有機器人、機械，或是語音助理 Siri 和 Alexa，就只有你和顧客（除非他們剛好名叫 Siri 或 Alexa 囉）。如果你想變成銷售高手，就要用正確的方式定義推銷，並採用順應人類行爲的進階技巧。這點可重要了。

冰島流行界精靈歌手碧玉的歌〈人類行爲〉，正好呼應這個主題。這裡做點改編：與人交流讓人心滿意足，不僅如此，它更是我們的行事方式、信念的基石，也是我們兩人數十年來能有非凡表現的根本。因爲祕密就是：**沒有「推銷不了的世代」，只有不相容的世代**。你的工作就是要像我們一樣去適應它。

加入更高層次、運用大腦思維的銷售方法

本書內容適用於各產業的任何產品或服務。無論你是企業主、銷售達人、教練、銷售經理、政治人物、業務部高層或領導者，這本書會協助你和團隊打動更多人，提升銷售成績，而且更容易達成銷售目標。

這不是隨便一本大談銷售祕訣，你讀完下個月就忘記的書。本書重新形塑你對於銷售的定義，並且探索如何幫助客戶自行思考。夠革新吧？新的銷售模式可以帶給客戶很棒的體驗，因爲你會幫助他們找出問題來解決。它也讓你從神經質的銷售業務，

變成運用神經情緒科學原理的說服力高手。

客戶認爲你幫他忙，所以付錢當酬賞。過去，你在他們的眼中可能是刻板印象裡那種不擇手段的推銷員，只會見錢眼開。使用我們的模式後，你成爲專家、受信賴的權威人士、好朋友、顧問，以及讓人想分享梗圖的對象。好啦，最後一個是亂講的，不過讓客戶開始會來找你幫忙不是件很棒的事嗎？

這本書不是人人都適合讀。想要透過死纏爛打來達成交易的人，不適合讀。那樣不累嗎？想要維持現狀，祈禱做同樣事情能增進銷售業績的人，不適合讀。自以爲全面了解銷售、害怕調整自我來提升銷售的自大狂，也不適合讀。

這本書適合給不想一味主動追求銷售機會，而是讓顧客反過來自己找上門的人。還適合希望找出經實證有效的好方法超越平庸結果的人！優秀的銷售業務具備成長型心態，會不斷尋求新點子，推動自己取得非凡的成果。

當然，用土法煉鋼和賣命的老方法還是可以過好生活，但爲什麼不學些進階技巧，開始事半功倍的賺錢法？爲什麼不跟隨兩名銷售傳奇，抵達理想的目的地？爲什麼要在拚數量遊戲中吃盡苦頭，結果還差強人意？重點在於更聰明的工作，而不是更拚命的工作——當中的關鍵是：下功夫去重新調整你以爲自己早就懂的一切。

既然你拿起這本書，顯然就是想讓自己的技能更上一層樓，因爲你致力於卓越。銷售是一個挑戰重重的領域，但有時候最讓你故步自封的，是自己的思考過程，因爲你不曉得自己不懂什麼，而且坦白說，你過去學的技巧現今已經很難派上用場了。

你讀到最後一章時，會更明白爲什麼過時方法的效果大不如前，並掌握提升技巧的利器，讓自己的收入最大化。要辦到這點，靠的不是你本身很有說服力，而是讓潛在顧客說服自己。沒錯，**本書將教你如何和潛在顧客互動，讓他們去說服自己**。

結合神經科學與銷售技巧的高手威爾頓．隆恩（Weldon Long）在書作《持之以恆的威力》（*The Power of Consistency*）寫道：「舊習慣得不到新結果，同一套行動也得不到新結果。你一定要改變行爲。」

我們會傳授具體要做出的改變，而且你一定會獲取難以想像的成果！在二〇二二年以後，無論你賣什麼、對象是誰，唯一最有效的銷售方法，就是**成爲問題發現者和解決者**，而不是強推產品的推銷員。

如同拉瑪達在《黑豹》中說的：「你父親教你戰士那一堆有的、沒有的事，卻也教你如何思考。」加入我們的更高層次、運用大腦思維的銷售方法，你就會成爲銷售戰士，發揮頂尖超級英雄的能耐來各個擊破。

我們是誰？

傑瑞・艾卡夫

我是 Delta Point 公司的執行長傑瑞・艾卡夫。我們公司在亞利桑那州，專門將表現不佳的銷售團隊轉變爲銷售巨頭。我擔任銷售和行銷表現的顧問和講師三十多年，蟬聯六年 Global Gurus 評選的十大銷售專家，我的目標是要改造他人，並把我當年只能獨自探索的銷售祕密傳授給學員。

我明白剛入行銷售時那種挫敗感，也知道使用舊方法辦事的感覺。多數人不知道的是，我的前兩份銷售工作，都因爲東西賣不出去而被炒魷魚。不是只有一間喔，兩間都是！我的第二份銷售工作是在立頓賣茶。我對銷售工作，曾經抗拒到必須在車上呆坐三、五十分鐘，才鼓起勇氣去跟顧客面對面的地步。

焦慮很折磨人。我得到的結論是：我不適合銷售工作。於是我開始當老師和教練，希望能在大學擔任美式足球教練。我甚至去我高中教練當總教練的學校應徵研究助理。結果也告吹！我因爲在校成績不好而被研究所拒絕後，才再從事銷售。

我的GPA二．一八分（相當於一百分拿了約六十五分），並不是驚豔四座的分數。可是話說回來，賈伯斯高中時不是也只拿了二．六五分（不到七十分）？並不是人人都能像比爾．蓋茲那樣拿四．〇分。我很快就認清自己的生計得靠銷售，於是最終練成優異的銷售技巧。我不得不練好，否則就注定平庸一生了。因此，我研究專家寫的書，也向表現優異的人物學習。

我發現成功的祕訣，而且**持續不斷**尋找提升自我的新方法。現在我很榮幸能夠幫助數千人尋得成功。總之，既然我做得到，任何人都做得到。

我跟銷售夥伴「絕地武士」傑洛米．邁納合作，告訴你現今的銷售高手不光只是賣東西，而是拋開賣家思維的行事方式，幫助顧客用**買家思維**購物。你會看見不僅效果好，而且充滿樂趣。

傑洛米・邁納

我是傑洛米・邁納。我創辦 7th Level，這是一家享譽國際的銷售培訓公司，我們採用的方法已經幫助遍布三十七國的十四萬三千多名銷售業務做出亮眼成績。

我不是生來就是明星銷售業務。我出生於阿肯色州，後來在密蘇里州一個人口不到八百人的小鎮長大。改變我一生的是，我開發並掌握了說服的技巧，這套技巧「順應」了人類行爲，而不是與之相違背。

十七年前，我是個身無分文、掙扎求存、身心俱疲的大學生，靠著挨家挨戶推銷來勉強餬口。公司會載我們去到一些不太安全的社區，然後說：「去做些業績，天黑再來接你們！」我剛開始以爲這很簡單，因爲招聘人員就是這樣說的。他們給了我們腳本和幾本「大師」著作，然後我們就上路了！

大約經過六到八週，因爲我一直吃閉門羹，幾乎沒有業績，所以就開始覺得自己不適合當銷售業務。同時，我在猶他谷大學修習行爲科學和人類心理學，專攻腦神經學、人類如何決策，以及說服的奧妙過程。

差點要放棄時，有天我開著車，身旁的銷售經理在播放器放入托尼・羅賓斯的

CD，然後就聽到托尼說了類似這樣的話：「大多數人失敗的原因很簡單，就是沒學會能致勝的正確技巧。」

我突然靈光一閃，想到：說不定呀，我從公司和我稱爲「銷售祖師爺」那裡學到的不是正確技巧。或許這些技巧就是過時了。我沒有年齡歧視的意思，只是說這些傳下來的技巧已經老舊、跟不上時代了。

這些問題在我腦中盤旋，我也開始去調查所謂大師的實際銷售經歷，然後我心想：**「如果這些人懂這麼多事，又很會銷售，爲什麼他們在創辦公司和成爲銷售大師之前，沒靠當業務賺到七位數美元的年收入呢？」**既然我當時的目標是賺七位數美元的年收入，何不靠當銷售業務來賺？只是，如果這些大師本身當業務時從來沒達到這個境界，他們又怎樣教我這類技巧呢？

於是，我在那家公司學這些傳統的銷售技巧的同時，也從行爲科學中學到，最有說服力的銷售法就是讓他人自己說服自己——跟我的公司和「銷售大師」說的完全相反。我決定不要遵從傳統推銷技巧，而是跳出舒適圈，學習最有說服力的方法來獲取最多業績。於是我做到了。很辛苦，但確實做到了。

我想出一些「神經情緒的說服提問」（Neuro-Emotional Persuasion Questions,

NEPQ），結果我的業績翻倍。但我還是不知道該問哪些正確的問題，以及發問的方式與時機。我沒有一個架構，只是隨興發揮，然後意識到這讓自己仍然錯失一些應該成交的銷售機會。

於是我開始發狠起來（這裡要加入奸笑聲），想到一個有點賊的計畫：我要向外去找銷售訓練課程，因爲我心中認定一定有一門課涵蓋了行爲科學的「全部」要素，再加上我需要的神奇短句和問題，讓我的潛在客戶能在一個簡單的步驟流程中自己說服自己。

所有可找到的銷售培訓課程我全買了，而且每堂銷售講習我都去，還讀了數百本銷售書籍，並且在銷售大師開設的培訓上花了好幾萬美元。結果，我以爲的夢想課程，居然不存在。實在太掃興了。我當下就決定要自己練就這門技巧。

我要把我從行爲科學和人類心理學所學到的知識全都融入銷售，有必要的話，乾脆自己來創設這門課。哇賽，眞是勵志吧？才怪，其實爛透了。我花了十二年在錯誤中學習、翻無數次白眼，還有克制自己想拔頭髮或虐待眼睛的衝動，才搞清楚一切。即使到現在，我還是繼續在學習。不過，在這個過程中，我把各種用語和提問蒐集成冊，不僅幫到自己，也讓我訓練的銷售業務職涯一飛衝天。

現在我的神聖使命就是：分享自己的絕地銷售祕訣，教你學會如何與今日的消費者溝通與交易。

我們如何結識？

我們一起合作銷售背後有個有趣的故事。我對公司團隊提出挑戰，要找五十五名頂尖的銷售培訓師來上我們新播客節目《追求成交慘兮兮》（*Closers are Losers*）接受訪談，於是傑瑞就登場啦！

在我訪談到傑瑞之前，還沒有人打動我。因爲與我對談的人受譽爲頂尖的銷售培訓師，我以爲他們握有最新的現代銷售技巧。可惜，我很快發現不是這樣。感覺好像在聽一首翻唱歌曲連續播放，但歌詞全都不對。

他們給的建議不適用於現今只要動動指頭就能取得資訊的潛在客戶。那些推銷話術像是在催眠，我都要睡著了，需要來一灌紅牛飲料提神。沒人口中吐出新意，直到傑瑞進來爲止。在請他開始錄節目前，我們談了整整十分鐘，我很訝異他非常懂得要如何運用人類行為來優化銷售流程。它可是銷售界的金曲大作，與那些聽到膩、不斷老調重彈、依賴自動音準校正的一片歌手形成鮮明對比。

節目結束後，我明白自己終於找到對的人了。我知道自己找到同類，這個人不僅理解我的心路歷程，還能讓我學習和成長，而且跟他合作起來感覺不像在辦公事。這就是你「每一次」銷售要有的感覺。

在銷售界打滾幾年，我們致力於幫助他人獲取同樣的成果。我們分享的方法，讓人能利用當前具備的能力來加強技巧，並與潛在客戶建立信任感，幫助他們說服自己，進而提高成功率。

這項銷售技巧雖然在美國被廣泛採用，但往往做的不是很好，我們聯手寫下這本書，讓你受惠於我們兩人加起來的專業知識。從零到一總是最艱難的一步，但所幸，你已經跨出那一步了！你已經決定要學習新技巧，並且準備好要征服這個不斷變化、充滿刺激的世界了！

第一章

銷售中最大的問題

大家要看到東西，才會知道自己想要什麼。
——史蒂夫・賈伯斯

銷售不是火箭科學，但**確實是**神經科學，這一點很多業界同行因爲掌握不好而感到氣餒。銷售是買家和銷售業務之間的角色扮演遊戲，不過，我們這些銷售業務常常演錯角色。明明應該要有買家的思維（這就是神經科學的概念所在！），卻偏偏表現得像賣家。

你覺得銷售中有哪些最嚴重的問題？沒有好的客源？熱情不足？需要充實更多產品知識、學習用更有效的方式推進成交、學習挑戰客戶？或許你覺得答案是其中幾項、以上皆是，又或是其他沒提到的項目。

如果想要提升銷售業績，就要曉得問題不在於客源、熱情度、產品知識，也不是自我提升的播客聽得不夠多，或者不夠有幹勁。以上全都無關，請放下這些信念。想在這個圈子提升表現，就要清除舊認知，並且破除沒有長進的銷售信念。這些信念讓你哪裡都去不了，你需要的是冷酷無情的眞相。預備好了嗎？坐穩囉。

眞相是，你的銷售業績不如預期，原因可能在於你從未發現的幾個問題。你做的某些事情或（更關鍵的是）你所說的話，很有可能讓潛在客戶轉身離開，選擇不買你的解決方案。然後，他們不願意買單，你就不能幫他們解決問題，不是嗎？

本書傳授的基本理念，會讓你有那種「啊哈！」的開竅時刻，就像是亮起燈泡，不過這個燈泡是特別潮的愛迪生燈泡，或時下最酷炫的照明科技。換句話說，這個理念是當前大家實際在使用的，但是不會像當紅產品一樣在某天退流行。或許它需要與時俱進，不過這個基本理念有目的性，而且歷久彌新。不僅是這樣，一直壓在你心頭的焦慮感也會逐漸減輕，變得微乎其微，讓你能悠然自得地練就銷售技巧，進而獲取巨大成果！

重點來了：你必須像換掉上一支舊手機一樣，淘汰舊銷售技巧。那些都什麼年代的技巧了。現今的消費者根本很難定位，而且變化很大。他們早已升級自己的作業系統，要與新時代相容了。

當今消費者與銷售技巧的改變，可不像用 Instagram 濾鏡修飾一下這麼簡單。歷經了迪斯可、新浪潮、龐克、一九八〇年代合成器流行樂、頹廢搖滾，以及自動音準校正年代，雖然纏人的二手車銷售業務的刻板印象仍留存下來，但是想好好處理與消除這些迷思和可預見的銷售阻力，做法已經改變了。

與人打交道的方式變了。不論你出生於一九六〇年代，或者是曾經很瘋 Phish 搖滾樂團的千禧世代死忠粉絲，你都知道時代變了。信任始終必須靠爭取而來，但現在的消費者變得比以往更謹慎和多疑。對，這樣很累人，也氣死人，尤其又在一個只靠谷歌就讓專家滿天飛的社會中，但不變的是：消費者不喜歡聽你**單方面說話**和**推銷**，他們想要的是**雙方交談**、有人提問、傾聽，以及最重要的是，要能懂他們的心。

銷售中最大的問題是：你對自己的問題一無所知。等等，這是在說什麼？再讀一次這句話，因爲這點千眞萬確，也指出了自我覺察的絕對必要性。搞不清楚方向的話，拿著地鐵票，也是哪裡都去不了。任何成長和進展都需要自我覺察。萬一不知道自己最大的問題，那就眞的麻煩大了。在銷售這一行，這個麻煩就是陌生電銷被掛斷、登門造訪吃閉門羹。一旦不知道問題所在，你要怎麼修正？沒辦法的。不過，只要一辨識出問題，就可以眞正改變自己的處境。

沒有人立志要當那種會被聯想成「不擇手段」「咄咄逼人」「煩人」和「出一張嘴」

的專業人士。回想你遇過最棒的老師。他們鼓舞人、激勵人，而且啓發人思考，對吧？優秀的銷售業務就像你最喜歡的老師。他們提供資訊、帶人參與、與人互動，並且激發想法。他們會互動和建立關係。就算現在的一切很高科技，但銷售和學校教育一樣，最好還是面對面進行，而不是透過虛擬的方式（但有時候不得不這麼做）。所有做銷售這行的人，都要懂得**消費者想要的購買方式**。重點不在於產品正確，而在於用對方法，**外加**合適的解決方案或產品。就像美國銷售專家傑佛瑞・基特瑪在著作《讓95%的客戶主動推薦你》中說的：「大家討厭被推銷，卻喜歡買東西。」

銷售被稱爲**「業務」**是有原因的；我們都希望產品和服務能爆紅，但使用老派方法是行不通的。就好比是拿著 Betamax 錄影帶（千禧世代和 Z 世代的人要上谷歌做功課啦），硬要塞進 DVD 播放器，或者甚至還想把它轉成 MOV 或是 MP4 檔。這根本不可行，而且當你千方百計想讓它運作的時候，你的客戶早就轉向其他地方購買了。這很容易讓人心力交瘁、想要放棄。我們多多少少有這種經歷，因此希望能幫你盡一切可能避開這種事。

如果這是你當前的處境，可以盡快開始展開行動。這裡再次搬出托尼・羅賓斯的話：「大多數人失敗的原因很簡單，就是沒學會能致勝的正確技巧。」現今有太多銷售業務沒有使用銷售架構，也就是一套對自己有效的循序漸進系統。比較糟的是，採取這種沒架構的銷售做法對客戶或潛在客戶無效。

在給你現今銷售神技的藍圖之前，我們要討論銷售中最大的幾個問題，才能更理解爲什麼這些策略已經過時，也不能像過去一樣達到成果。

問題一：銷售定義不一致

如果你找五十名銷售業務來定義銷售，可能會得到五十種不同答案。在只希望有一個正確定義的情況下，有四十九個答案就是多餘的。銷售的定義，最好用「單一」的概念來闡述。爲什麼這很重要？因爲你的信念會推動你的行爲。一旦欠缺正確的心態和對的銷售定義，你就不會有致勝所需的技巧和工具。你要帶棒球棍去踢足球賽，也不是不行，但你或你的團隊恐怕無法用球棒達陣，而且你可能還會被轟出去。

銷售的眞正精髓，與你在書中讀到或在電影中看到的相反，並**「不是」**說服、勸說、操縱或強迫別人做你想讓他們做的事情。正好相反，銷售的定義差不多就像迪士尼電影中的情節：重點在於相信自己，並讓別人（這裡的例子是客戶）也相信你。雖然這些信念可能看起來很神奇，但到最後或電影結尾時，它們實際上只是驅動行爲的人性因素，而不是奇妙仙子的仙塵。

如果你參加《危險邊緣》益智搶答節目，主持人讀出以下的問題答案：「一種職業，其目標是讓你成交，才能賺到錢。」結果，你按鈴搶答猜題目是：「銷售是什麼？」那就恭喜你答錯了，獎金飛了。正解是：「銷售的錯誤定義是什麼？」

要知道，銷售的主要目標是與潛在客戶互動，並判斷是否有銷售機會。這句話要多說幾遍，因爲很重要：**銷售的主要目標是與潛在客戶互動，並判斷是否有銷售機會**。

我們不打算深入談舊模式的細節，但我們相信透過了解行不通的做法，能夠幫助你釐清可行的方法。

問題二：以前的銷售模式已經過時

第一套銷售培訓課程，是一八八四年由被認爲是「現代銷售之父」的約翰・帕特森所創設。他讓員工背誦銷售話術，開始對當地店家實行登門銷售。這在當時是個新奇的概念，況且，別忘了，電視在一九二七年前還沒問世，所以民眾也許會歡迎陌生人敲門兜售新奇的產品。

過了十幾年後，時間來到一八九八年，美國廣告專家艾里亞斯・路易斯創建了AIDA模式，縮寫的字母個別指：Attention（喚起注意）、Interest（引發興趣）、Desire（產生欲求），以及Action（促使行動）。這個方法受到美國廣告業者採用，並延用至今。之所以會用這個AIDA模式來吸引客戶買產品，是因爲二十多年前，銷售業務是消費者和公司之間的橋梁。公司會派遣銷售業務向大眾介紹他們的產品或服務。除了電台和電視，這是消費者能得知企業資訊的唯一方式。

你也知道，現今人人都能點一下按鈕，就獲得新知。鍵盤專家四處都有，就像是珍妮佛・羅培茲和班・艾佛列克一天到晚傳出復合的消息一樣無處不在。那麼，如果人人都能立刻取得資訊，爲什麼傳統的銷售方法至今仍然用得很普遍？原因在於，就算資訊可取得，但也要先「**理解**」它，才能活用。例如：你可以讀一篇WebMD醫療網的文章來診斷自己的指甲倒刺問題，但相關醫療名詞讓你一頭霧水，甚至更糟的是，讓你更困惑。現代銷售業務不是沒有經過培訓，問題是訓練方法不對。

過去的銷售時代是根據最早的銷售模式，只做一些小的調整。但行爲科學研究已經顯示，對現今精明、生活在資訊時代的買家來說，這套模式沒什麼說服力。如果在時代背景爲一八七〇年代的電視劇《大草原之家》中，主角老爹也許會很高興向登門的銷售業務買下一把小提琴，但這種舊式的銷售法會讓現今消費者不安，甚至感覺莫名其妙，因爲他們只要點點滑鼠、滑滑手機就能得到自認需要的資訊。

老掉牙銷售技巧的幾個經典：

一、預設式銷售（assumptive sale）。

二、ABC法則（**A**lways **B**e **C**losing，一定要成交）。

三、3F成交法——現在的感受（**F**eel）、以前的感受（**F**elt）、後來的發現（**F**ound）。

四、試探性成交技巧（trial close）。

五、實證成交技巧（demonstration close）。

六、打死不退。

七、緊追銷售機會。

八、對你的產品和解決方案充滿熱情。
九、接受拒絕是銷售的日常。
十、還有一句話在銷售界常聽到，就像在成年禮和婚禮上常聽到庫爾夥伴合唱團的〈祝賀〉一樣：「這是一場拚數量的遊戲；被拒絕的次數累積夠多，才能取得一個同意。」

問題三：向潛在客戶施壓無效

首先來看戲劇張力很強的「鍋爐室騙局」推銷，在這種推銷方式中，你用保證有可愛狗狗、彩虹和獨角獸的方式，從心理向潛在客戶施高壓，迫使他們購買。利用他人的恐懼、貪婪和自尊心來賣產品或服務，就是害銷售業務沾染臭名的原因。這些作爲不僅令人作噁，而且就算如同電影《華爾街之狼》中主角喬登．貝爾福那樣短暫成功，結果他還不是破產又鋃鐺入獄。這招保證失敗。

就連貝爾福最後也承認：「我起了貪念……貪婪不好。野心很好、熱情很好。熱情帶來富足。」（噓……別讓電影《華爾街》的主角哥頓．蓋柯聽見，他的至理名言可是「貪婪是美德」。）

蠻橫的鍋爐室騙局的操縱和做作方式已經過時。一旦你的堅持不懈過頭、過度揣測別人需求和太過強勢，長期下來，恐怕只會引發對方的抗拒，而且讓人覺得你是心急和缺德，才不是熱情！高壓銷售是一種騷擾，已被時代淘汰了。

一九七三年，已故暢銷書作家喬．吉拉德以一年內售出最多汽車創下一項金氏世界紀錄。他在《無往不利的推銷術》一書中提到，如果潛在客戶提到他們最近去過某個地方度假，他會說他也去過那裡——即使他沒有去過。就我們的認知，這種行為叫「說謊」。

吉拉德對他的潛在客戶並不眞誠，也不老實。爲了與他們「建立關係」，他詐稱自己的經歷，用謊言來博取好感。關於吉拉德，你應該知道一件事。自一九七七年以來，他就沒有賣過一輛車！他差不多在四十年前，就退出這一行，開始教別人如何說謊……咳咳……我是說銷售。他的銷售方法在一九七〇年代中期似乎有效，但放在今天，他會在社群媒體上被揭穿眞面目、遭人辱罵，而且可能會在Yelp上累積一堆負評。

他的方法在過去有用嗎？當然有用！我敢說，如果你把二〇一〇年左右出廠的手機拿去充電，也還是能用。我們不是要說老技巧沒價值，它們還是能發揮一點作用，但就是靠不太住，效率也差。我們會教你更好的方法。

問題四：客戶「必須」想要你的產品

顧問式銷售（consultative selling）誕生於一九七〇年代，與很多X世代的產物一樣在一九八〇年代闖出一片天。這種銷售做法包含傾聽潛在客戶的需求、渴求和目標，就像醫師傾聽他們的病人一樣。你得提出合乎邏輯、有篩選條件的問題，找出客戶的需求，例如：「貴公司目前面臨的三個最大問題是什麼？」或是「你的3D印表機可以在一小時內生產出多少機器狗？」

這些問法最大的問題在哪裡？有邏輯的提問，可以引出有邏輯的答案。雖然我們喜歡邏輯（誰不喜歡？），但人買東西是出於邏輯，還是情感？企業培訓的大佬戴爾・卡內基說過，人有八五％的決策都是來自於情感，只有一五％根據邏輯。此外，除非是參加益智遊戲節目，否則多數人通常都不喜歡被人連連盤問和回答一長串問題。

使用這種銷售法時，銷售業務要聚焦於解決方案，而**不是**產品。我們回過頭來看3D列印的機器狗製造商案例。假設廠商遇到的問題是軟體方面，而你是賣墨水的。你不曉得他有軟體方面的問題，他也不見得打算買墨水。還是說，他其實有可能需要？

你不能預設客戶想要你提供的產品，然後找上對方就期望能獲得訂單。你知道怎樣能不白跑一趟機器狗廠商嗎？做功課調查。或許查一查會發現，客戶需要機器狗用的紅墨水，但你沒查就無從得知。

以需求爲基礎的銷售（也就是顧問式銷售）最大的缺點就是：與你互動的人可能不想解決自己的問題。僅僅因爲你找出潛在客戶的需求，不代表他們迫切需要去滿足這項需求。

《銷售巨人》作者尼爾・瑞克門傳授的方法是，一定要提問才能找出客戶的需求。你覺得這種方法是哪種類型的銷售？這仍然是以需求爲基礎的銷售，它認定潛在客戶知道自己的問題。可是你第一次找客戶談時，他們大多數甚至不知道自己眞正的問題。或許機器狗的紅墨水還眞的有辦法減緩那個擾人的軟體問題，但你也要先找出那個問題是什麼才行。

問對方失眠原因或目前遇到什麼麻煩，並達不到你期望的銷售結果，反而讓你知道太多有的沒的無關資訊。當然，這樣可以顯現出你關注對方，但你提出這些問題有多大幫助？這些是帶有既定觀點的提問，讓你得到與銷售內容毫無瓜葛的答案。萬一提的問題無法揭露出必須處理的真正困擾，你也不會有多少成果。不過搞不好，這樣的對話讓你最後意外拿到婚姻顧問、教養或營養學的榮譽學位。雖然我們主要的目標是獲取相關資訊，進而挖出對方是否遇到我們產品或服務能解決的問題，但從對話中聽聞到的一些事，其實也有助於建立交情，所以能帶來雙贏。

達成交易的確可能發生在客戶願意跟我們聊的時候，不過要維持互動的對話，你必須透過以下兩種方式：繼續說些值得貼在汽車保險桿、有變梗圖潛力和讓人轉貼的話，或是媲美歷史天才的佳句；或者問出色的問題。只有做到這兩點中的其中一點或全做到，才能真正將焦點從自己身上轉移到潛在客戶。

拋出一連串的標準問題，容易給人照本宣科和刻意的感覺。有人教你這樣問嗎？你還在銷售時問那些問題？全都丟光光吧。那些問題老套、膚淺又令人想打瞌睡。

問題五：消費者和時代變了

今天的消費者比以往任何時候都更明智、更見多識廣、更有準備、更沒耐性，也更不信任人。他們握有超多的資訊，可以讓任何準備不足的銷售人員變得毫無用處。谷歌谷歌，真感謝你呢。不過先等等，自己打混就不要把問題怪到搜尋引擎頭上。

雙方有來有往的交流與探索彼此，我們的說服力就會**倍增**，這也是為什麼我們要告訴你「真正」有用的做法，以及背後的科學根據。大眾通常是靠情感買東西，再用邏輯捍衛這些決策。如果沒能引發潛在客戶情感，就錯失大好機會。

很多使用傳統模式的銷售業務誤以為，潛在客戶索取資訊就表示迫切且預備好要購買。有些讀者可能想多探問上述 3D 列印機器狗的事情，但這不表示你要汰換掉 Rover 休旅車。不太可能（吧？）。

如果你還不曉得的話，現在就要知道**絕對不要**以為潛在客戶索取資訊等於想要買。想想看你遇到多少次慘烈結果；你原本想說對方購買機會高，回電後立刻開始講推銷話術，十分鐘後他們就說：「我考慮看看」，結果再也沒聯繫你了！

現在的客戶比過去更精明與謹慎。如果你跟他們講話時一心只想賣東西，他們感受得到。他們能看出你渴望這筆交易的心思（意思是你只在乎成交，而不是解決他們的問題）。光是這種只在乎成交的觀念，就是銷售過程中自私行爲的最典型表現。這通常是受到你的銷售經理和主管影響，他們也還不懂得如何在銷售過程中善用人類行爲來達到目標。對他們來說，銷售不過是拚數量遊戲，於是狂找一堆潛在客戶來獲取一些業績。

採取這種做法，潛在客戶一下子就會看穿你是來推銷的。他們的防備機制會被觸發，因爲天天都會遇到咄咄逼人又纏人的銷售業務，硬是要推銷華而不實、沒有營養價值的東西，甚至更爛的是，強推用合成食用油蔗糖聚酯製造出的洋芋片（不怕的話自己去谷歌查）。因爲你想當個頂尖的業務，所以在應對現代消費者或買家時，一定要立刻丟棄這個方法。

爲了說明新銷售模式有何不同，請在讀以下潛在客戶和銷售業務的交談內容時，盡量不要睡著了。在這個例子中，潛在客戶到數位行銷網站上索取資訊，而一般般的銷售業務打電話過去，並用傳統銷售技巧應對。

潛在客戶：「你好，我是艾力克斯。」

一般般的銷售業務：「艾力克斯你好，我叫約翰・史密斯。你請我們ＸＹＺ數位行銷公司寄送適用貴公司的行銷策略資訊包給你。現在我能不能耽誤你兩分鐘的時間？」

潛在客戶：「喔……可以啊。」（語帶猶豫）

※有跟上嗎？你覺得，這名潛在客户真的相信銷售業務只會耽誤他兩分鐘？你覺得，他這個時候心裡在想什麼？

一般般的銷售業務：「好的，剛剛說我叫約翰，我是ＸＹＺ數位行銷公司的策略師。我們幫助很多像貴公司這樣的企業，有效落實省錢策略，節省大量開支，還增強公司的獲利能力。」

潛在客戶：「你們怎麼做？已經有一家公司在幫我們做這件事了。」

一般般的銷售業務「嗯啊，我曉得貴公司的狀況已經變得很複雜。」

※你看，這名銷售業務是直接假定潛在客戶的公司業務變得很複雜，也沒先詢問對方實際狀況。還有，注意看這句陳述也沒有讓對方參與其中。你想想，潛在客户心裡會怎麼想。除了想睡覺以外，還能想什麼？這是要怎樣回應啊？

一般般的銷售業務：「我知道現在有很多選擇，行銷經費分散在各處，這對貴公司來說開銷很大。」

※這名銷售業務依舊沒先詢問，就假定對方的開銷大。這會造成更多銷售阻力。

潛在客戶：「呃，老實說，開銷一點也不大。我們其實擬了一個計畫，結果，同樣的行銷操作，去年還比前年省了三一%。」

一般般的銷售業務：「是喔，要是我告訴你還有方法可以再省更多，你這星期什麼時候能夠再跟我聊十五分鐘？我知道我們可以比貴公司目前合作的廠商省下更多錢喔。」

※「要是我告訴你」這樣的說法，立刻把焦點放在哪裡？沒錯，你答對了，就是銷售業務。如果你繼續把焦點放在自己身上，而不是多關注潛在客户，你有十之八九會慘遭拒絕。

上述例子是銷售業務被迫進入推銷模式，使用各種符合邏輯的事實來支持自己的立場與解決方案。這時候銷售業務會自圓其說，覺得必須捍衛自己的產品或服務。我們當銷售業務時，也都有過這種經歷，但只要使用後文傳授的提問方式，就不用使出這種強硬手段了。

以「想要」爲基礎的銷售，才是更好的方式。大多數人都會說自己「需要」新車、假期，或是請人打掃房子。你多久沒聽到有人說「我想要新鞋」？好啦，新鞋有很多人想要。那麼「我想要新掃把」呢？

各行各業的人通常會把買東西說成「他們有需要」，但其實往往不是如此。大多數人買的，是自己「想要」的東西，而不是「需要」的東西。如果我們只買「需要」的物品，那 Target 百貨現在大概早已提出破產保護申請了。

傳統模式讓銷售人員誤以爲，客戶購買是因爲他們需要我們提供的東西。我們就努力去滿足客戶「需要」的，而不是聚焦於滿足他們「想要」的。如果客戶的購買決策完全根據「需要」，那麼唯一生意興隆的，就是專門印「已歇業」告示牌的店家啦。

切記，潛在客戶可能「需要」你的解決方案，但他們當下可能「不想要」。很多買家其實不知道自己想要什麼，只是以爲知道而已。如同賈伯斯所說：「大家要看到東西，才會知道自己想要什麼。」

傳統上，銷售人員不會主動去追客戶可能想要的事。銷售人員認爲，客戶一定是對的，可是客戶也許不曉得你的公司可以提供什麼。因此，銷售人員可以透過提問技巧讓客戶知道：你能解決他們甚至不知道自己有的問題。好的提問引發人思考、促進對話，也是用來得知客戶想法的絕佳方式。

問題六：舊方法引發銷售阻力

挑戰者銷售法（Challenger sales）出自二〇一一年出版的一本書中的研究。該研究指出，可以藉由指出客戶的預設或信念中的漏洞或不實之處來挑戰他們，進而打開提供更好解決方案的大門，這樣你的銷售成績就會提升。這種方法著重在，對於連客戶自己都不知道有的未知問題，銷售人員提出發現，然後出面挽救局面，爲這個新發現的「問題」提供解決方案。

想在提出挑戰的同時，讓客戶沒有被挑戰的感覺，這是很困難的。很多培訓團隊沒有教好其中所需的技巧。理論上，這個方法可行，但很難做好。因爲它的核心思想是：預設銷售人員在一定程度上擁有潛在客戶沒有的專業知識。這樣要求銷售業務有些強人所難，因爲他們對客戶的業務和組織的獨特性，欠缺扎實又深入的認知。

想想那個挨家挨戶推銷革命性天然除蟲產品的人——當你開門的時候，他從門鈴頂端掃下一團你從來不知道會有的蚊子卵。你原本是否意識到這個問題？還是在看到這個意外、即興、實際操作的示範之前，你覺得最擾人的麻煩就是銷售業務呢？

人很少完全意識到自己面臨的問題，甚至不知道自己有需要解決的事，而且往往不明白迫切性。有時候，人會搞不清楚如果不解決掉問題、麻煩或挑戰，會造成什麼正面和負面的後果。

利用提問能力，你可以幫助對方清楚看見自己的問題，甚至和你聊過之後連帶發現沒有察覺到的兩、三或四個問題。消失吧，蚊子！

專注當下！沒錯，就是留意現在，尤其在與潛在客戶交涉的時候。不傾聽，就不可能進行高明的對話。沒有透過高明對話努力探究客戶麻煩的全貌，就沒辦法了解或發現眞正的問題。客戶會識破你，轉而去找其他具備這種技巧、隨時準備接手的銷售業務，完成本來應該由**你**達成的交易。

此外，如果要按照所教的方法進行這種銷售，我們也必須在客戶對自身業務不了解處擁有獨特的見解。儘管不是希望你成爲全知的讀心者，但這對很多銷售業務來說是一個難題，因爲客戶對自己業務的了解通常比銷售人員透徹許多。

實行這些舊銷售方法的時代有一個共通點：無意間，通常肯定會在銷售時遇到阻力。唉唷，這道阻力是銷售的致命罩門，猶如氪星石一樣，不會長你的威風，反而是把銷售業績打得落花流水。新的銷售模式消除了這種阻力，讓你的業績重獲生機。聽起來難以抗拒吧？

我們身爲研究這門學問好幾十年的銷售專家，從經驗上看見現在多數極爲成功的銷售業務憑藉的，並不是舊黃金時代的做法。他們改換成新的互動模式，創造出更多機會來眞正替人解決難題。下一步就是萬世太平了。開玩笑啦。咦，其實搞不好並不是玩笑喔。

推銷不再是要用挑戰人、強勢和逼迫的姿態讓人做出你要對方做的事。而是剖析人爲什麼會有這樣的思考方式，以及促成他們自行思考。如果沒先知道客戶在想什麼，就無法改變他們的想法了。

問題七：信任已死

《第22條軍規》作者約瑟夫．海勒在另一部作品《出事了》（*Something Happened*）中說：「銷售業務表現好時，就會有壓力要他們好還要更好，因爲就怕走下坡。」雖然壓力下出鑽石，但人類可不喜歡被施壓。有些人在壓力之下創造出鑽石，也有些人受不了壓力而搞出個假鑽石。

人都喜歡自己下決策，也一直想做選擇。你有沒有在亞馬遜購物網上面搜尋過白色T恤？你會滑好幾小時看同一件白色T恤的不同款式。儘管選擇繁多，但人更願意和自己信任的對象做生意。

領導學專家、《領導力21法則》作者約翰・麥斯威爾說：「在所有條件相同下，人會與自己喜歡的人做生意。」坦白說，管它條件相不相同，別人和你做生意才不是因為喜歡你（無意冒犯），而是由於信任你。這種信任來自於你善於發問，讓潛在客戶把你視為值得信賴的專家。簡單來說，他們會買單，是因為相信你能讓他們得到想要的結果。

不知道你有沒有發現，時代已經發生翻天覆地的改變了。前述的策略都無法幫你發揮全部潛力。想超越自己的目標，你也必須跟上改變。現在太多的潛在客戶在對話開始前就預設銷售人員有成見，而且只關注「銷售」。講「相信我」已經不夠了。事實上，說「相信我」是現代銷售的死穴。這種話掛在嘴邊，客戶反而偏偏就不信你。

要實際展現，而不光是用嘴說。現在是個重視視覺呈現的社會。每件事都能有GIF檔、梗圖、瘋傳影片，或是那種歹戲拖棚的實境秀。唉，這也是沒辦法的事。現代的銷售業務都明白，信任對銷售至關重要，但就算是這樣，在這個鍵盤專家與立即獲得滿足的年代，也更難取得信任了。

大家可以立即查你公司的任何資訊，會知道你的產品、服務與價位，也曉得你公司的競爭對手、成立多久，還能從谷歌地圖上看到你辦公室長什麼樣子。只要拿出手機一查，也能掌握關於你的大小事，大家都會知道你去年夏天做了什麼。怪恐怖的？難講喔。有個消息靈通的客戶是好事。不過如果你的客戶認爲光是用谷歌查一下就對你瞭若指掌，那可就不好了。

過去數十年，資訊有了轉變，各種管道、意見、發言大幅增加，社群媒體和網路的產物也激增，可說同時有好有壞。在專家、自認是專家的人士與網紅提供的眾多不同觀點中，大家自行尋求訊息，並獨立判斷它們的可信度。

由於我們的交流已經從電話交談縮減到多數人很少去聽的語音訊息，再從語音訊息變成簡訊、從簡訊又變成符號和表情貼，因此現今的銷售業務在取信於人這件事上的壓力更重，但可用來建立這種信任的時間又大幅減少。將這些因素再加上資訊增加、產品更複雜等因素，會造就出新一代受數位環境影響的懷疑論者，因爲美國現在進入了「後信任時代」；這個詞彙是美國業界首屈一指的溝通與策略研究專家麥可・馬蘭斯基提出的。

在一份二〇一九年的皮尤研究中心問卷結果中，高達七一％的人認爲過去二十年來人與人之間的信任變差了。① 《愛德曼全球信任度調查報告》二十多年來一直在調查大眾的信任程度，在二〇二一年出爐的報告也指出，現在大家已經不知道誰還可信了。②削弱信任的因素有很多，但最重要的一點是，銷售業務尤其不受人信任。意外嗎？並沒有。這就和人們不信任政府這件事，同樣沒什麼好大驚小怪的。比較可悲的是，有些人甚至連自己的家人都不信任。

《大西洋》雜誌的大衛・布魯克斯說：「你我身處失望的時代……這造成信心危機，不僅遍及全社會，還特別顯露於年輕人當中。這也引發信任危機。」這可不像典型的中年危機，你還不能靠買輛跑車來重拾信任，就算會這樣提議的銷售業務一定不在少數。不過先別去碰那輛藍寶堅尼啊。

根據皮尤研究中心另一份調查指出，四〇%的嬰兒潮世代（生於一九四六年～一九六四年）與三七%沉默世代（生於一九二八年～一九四五年）的人認爲，人是可以信任的。然而，他們調查年輕一輩時，發現這項比例大幅下降。皮尤研究中心指出：「三十歲以下的美國人當中，約有四分之三（七三%）的人多數時間『只顧自己利益，

---

① Lee Rainie, Scott Keeter, and Andrew Perrin, "Trust and Distrust in America," Pew Research Center, July 22, 2019, https://www.pewresearch.org/politics/2019/07/22/the-state-of-personal-trust/.

② Edelman, "2021 Edelman Trust Barometer," Edelman, 2021, https://www.edelman.com/trust/2021-trust-barometer.

不信任他人』。」③這還眞令人唏噓。至少可以說銷售人員的任務很艱辛。

這種信任危機也滲入銷售業務做的所有事。過去那種銷售業務打電話給公司，對方會接聽的時代，已經不復存在。還有，你可以好好推銷優點和特性、講述故事、簡報、創造願景、批評競爭對手、期望能用產品和服務打造信譽的日子，也已經結束了。

現代銷售成功的神聖三角

但沒必要因此而退縮。如果你想在現代世界做銷售，可以從以下三件事情著手：

一、學習消除銷售阻力。

二、聚焦於客戶。

三、讓客戶自行思考，並質疑自己當前的思考方式。

要實現這個可以在現代銷售成功的神聖三角，必須**「拋掉」**過去學來的多數傳統銷售技巧，並用開放的心態開始採取不同方式做事，因爲時代既然變了，銷售方法也該改了。偷偷預告：你**可以**辦到。

如果想學會如何讓潛在客戶自我說服購買，而不是你得追著他們努力說服，那一定要踏出舒適圈，對拖垮你的傳統銷售信念和技巧說聲「慢走不送」，並學習始終眞心地以客戶爲焦點。

傑瑞的公司 **Delta Point** 這樣命名，並不是因爲他搭「達美」航空的飛行里程數。**DELTA** 是一個首字母縮寫，囊括了優秀的新銷售模式流程的各個要素，分別是：培養（**D**evelop）、互動（**E**ngage）、探究（**L**earn）、講述（**T**ell），以及「提請」（**A**sk）。

一、**培養**潛在客戶的興趣，讓他們願意聽你說。

二、讓客戶在有意義的對話中**互動**。

---

③ John Gramlich, "Young Americans Are Less Trusting of Other People – and Key Institutions – than Their Elders," Pew Research Center, August 6, 2019, https://www.pewresearch.org/fact-tank/2019/08/06/young-americans-areless-trusting-of-other-people-and-key-institutions-than-their-elders/.

三、**探究**客戶的情境／困難／挑戰。

四、在清楚了解你的產品或服務適合客戶的情境／困難／挑戰後，**講述**你的故事。

五、**提請**對方承諾，也就是在適當時機請對方下決定。

不過還是要一步一步來。

既然我們已經找出銷售中最大的問題，也知道爲什麼舊模式不再奏效，現在差不多要開始越過在紅龍前看守的守門員，並進入貴賓區，這讓你更接近實現卓越的銷售成果——這對你、你的公司、家人，**尤其是**你的潛在客戶至關重要。但在這之前，區分銷售迷思和銷售現實也很重要。

第二章

銷售迷思與銷售現實

真相最大的敵人往往不是刻意編造、不誠實的謊言，

而是歷久不衰、有說服力卻脫離現實的迷思。

——約翰・甘迺迪，前美國總統

如果你看過實境秀，就會知道「實境」兩個字應該打上諷刺的上下引號，因爲其中大多數的內容根本不是「實境」，而是爲了煽動戲劇效果而刻意安排好的無聊內容。持續追蹤一個和曼哈頓堅尼街賣的山寨柏金包一樣「眞實」的家族，或許是無腦的消遣，但它並不是現實生活。同樣的，那些常見的老派銷售信念，如今也老早過時；這些「信念」只不過是與現實脫節的迷思。

我們來看看那句看似正確其實不然的老話：「銷售是拚數量遊戲。」這符合你經歷的現實嗎？你相信銷售只是拚數量遊戲，必須要狂打電話給潛在客戶來達成少少的幾筆業績嗎？你無法確定的話，我換個更好的問法：這句口號對你有用嗎？如果有用，你大概現

在就不會讀這本書，而是正忙著拿下大筆訂單吧。

就像有位鍵盤偵探發現ＨＧＴＶ居家樂活頻道的熱門節目《房屋獵人》（*House Hunters*）不完全是真的，以下也要破除幾個最老套的銷售迷思。

銷售迷思一：銷售是一場拚數量遊戲

銷售有可能是拚數量遊戲，前提是你只會傳統銷售技巧。你可以連環「叩」、像個跟蹤狂，整天打上百通電話來獲得幾筆業績，就這樣勉強餬口。你也可以一直窮追不捨，直到對方聽你說話為止，但他們只想找個藉口擺脫你，而你還要祈禱他們不會先對你提出限制令。很愉快，對吧？才不是呢。

「拚數量遊戲」的概念是怎麼來的？很難說，但可能在幾十年前，某個銷售經理告訴他的銷售業務，銷售是一個「拚數量遊戲」，讓他們在面對九五％的時間不斷遭拒絕後，自我感覺可以不要太差。唉，這個迷思氣數已盡啦。

如果可以跳過「拚數量遊戲」必須做的所有工作，也不要引發反對和拒絕，這樣不是很好嗎？在後信任時代，隨著信任降到有史以來的最低點，信任不再是你打電話的「**數量**」或接觸到多少聯絡人，而是交談的「**品質**」，以及你透過深入問題來帶出別人情感的能力。它也講求你對培養**信任**有多少能耐。

信任的重點還在於：你能否抽離對成功銷售的「**期望**」。這樣一來，你才能對潛在客戶敞開心胸。你會了解到他們的問題是什麼、問題的成因，以及這些問題對他們有何影響，並可以判斷你提供的解決方案能不能幫上忙。

當你能以冷靜、談天的語氣來進行交談，而不是講出典型的推銷話術，自然而然就能像磁鐵一樣吸引顧客。爲什麼？因爲好不容易終於有人眞心關注他們，也在意他們要尋求的東西。這和典型銷售業務做的拚數量遊戲比起來，天差地遠。他們感受到你的眞誠關心，於是會開始仰賴你，因爲你成爲可靠的專家、業界權威和王牌。

如果每次打電話給潛在客戶時，再也不會一開始就遇到反彈和抗拒，是什麼感覺？這對你個人有什麼幫助？對你的收入有什麼影響？這些問題的答案不會是不切實際的想法，而是完全可以成爲你的現實情況！

銷售迷思二：拒絕只是銷售的一部分

你不敢打電話跟潛在客戶談產品或服務時，阻礙你的最大顧慮是什麼？怕被拒絕，對吧？

你有沒有想過，要是和潛在客戶見面、向陌生客戶或既有客戶打電話感到焦慮，甚至恐慌到不能跟他們講話的地步，是不是哪裡不對勁？難道你每次見潛在客戶之前都必須先給自己打氣加油，還是拖延半天才能開始打電話？你有沒有想過可能是你溝通的方式或自認該溝通的方式造成這個問題？你喜歡被潛在客戶拒絕嗎？感覺如何？爲什麼你會覺得，遭拒絕是銷售過程中必須接受的事？問題怎麼這麼大串啦？我們知道啊，但答案都該找出來。

你接受遭人拒絕，是因爲有人跟你說這在所難免——被拒絕是這一行的一部分，對吧？但假如很多潛在客戶會拒絕你，是因爲「**你**」的溝通方式引發的呢？假如能找出讓潛在客戶持反對意見、最終拒絕你的觸發因素，進而在銷售交談中排除，那會怎樣呢？

瑞士精神科醫師卡爾・榮格說過一句非常精闢的話：「在政治、社交和靈性工作上最好的做法，就是停止將自己的陰影投射到他人身上。」我們不是精神科醫師，不過也想要把銷售工作列入這句話中。

拒絕分兩種。一種是直接當你的面說「我沒興趣」；另一種沒那麼傷人，是潛在客戶看過你的解決方案後，認爲不符合他們的需求。第二種會讓人失望，但不見得會覺得這是衝著你來，殺傷力也比較不強。

說到第一種拒絕，可能已經有人一次又一次地告訴你，銷售過程中遭拒絕是正常的，要做好心理準備，學會放下，你只要臉皮厚就好。現在，你的臉皮已經厚到都不用看皮膚科，而是需要找專攻爬蟲類的獸醫了。然而，這些全是胡扯。你其實可以大幅減少被拒絕。你不需要什麼心理戰術、心靈雞湯，或是聽自我提升大師的ＣＤ。當你掌握了新模式的銷售技巧，就能學會如何化解遭人拒絕的根源，猶如ＤＣ英雄沙贊用閃電超能力劈開提款機噴出錢一樣有效、不費力。

銷售迷思三：你必須對自己的產品或服務充滿熱情

「如果客戶看到你很興奮，他們也會很興奮。」這種說法還眞是笑死人。就好像你看到一個笑話或梗圖，讓你笑到流眼淚，還在地上打滾，結果拿給身旁的人看，對方無動於衷，還一副你瘋了的表情。無論如何，千萬別預設你的興奮和熱情會感染客戶。客戶購買東西或做出改變的動機因人而異。帶著太多熱情去接近一個人，對方通常有兩種反應。

第一，他們會對你退避三舍，因爲你讓他們無法招架、嚇壞了，或是興致完全澆熄了，然後告訴你會「考慮看看」，但他們隨即溜走的速度，比自助酒吧的唐胡立歐頂級龍舌蘭酒被拿光的速度更快。另一種反應是，他們會採取防禦姿態、提出反對意見，然後直接拒絕你這個人和你提供的服務，最後就開始送客了。

銷售迷思四：銷售機會是在最後一刻消失

你可能花很多時間和潛在客戶打交道，每一步驟都做對，然後等著簽約或最後核可，卻遲遲等不到。雖然我們有時候會遇到郵寄問題，但不是信件搞丟了，也根本不是被快遞公司的人弄丟。它只是從來沒有進入這個階段。爲什麼呢？現今，失去銷售機會再也不是在銷售結束時，而是一開始就失去了——在講「你好」時就沒了。是的，在你打招呼時就沒銷售機會了。但怎麼回事？爲什麼會這樣？這可不干你身上香水或古龍水的事。

這裡舉一個例子。進行陌生電銷時，多數銷售業務會說出類似以下的話：

你好，我是ＸＹＺ公司的薛力・萊文。今天打電話給你為的是……

（接著薛力就開始解釋他的產品或服務，除非這時候潛在客戶已經打斷他的話了。）

聽起來很耳熟吧？

你覺得此時潛在客戶心裡在想什麼？**「噢，又來一個業務員想賣我東西。」**上述是經典的銷售話術。但從「你好」開始，整個過程就沒戲唱了，因爲我們無意間觸發了銷售阻力。在心理學中，這稱爲「基模」，也就是一種認知框架或概念，用來幫助人解讀資訊，但這類框架往往會造成刻板印象，像是：**「齁唷，是個賣二手車的。我會很客氣，但他的話聽聽就好。」**

銷售迷思五：如果預設對方會買，他們就會買

安息吧，強力（才怪！）的預設式銷售。沒錯，現在這個時代，預設式銷售已死。就像有人堅信貓王和傳奇饒舌歌手圖帕克還活著一樣，有些銷售大師會堅持它並沒有死，還好好地存在於某個祕密的銷售城市，偶爾才會在沃爾瑪現身。爲什麼他們要這樣堅持呢？因爲人不喜歡改變。銷售人員學到的，仍然是要去預設對方會買、保持一定要成交的心態，以及永遠要想方設法來成交。這些說法由銷售祖師爺當做傳世寶一

樣流傳下來，但現在已經不合時宜，我們再也不適用這些方式了。

你預設潛在客戶會買的意圖，就像吃完午餐卡在你門牙縫中的菜渣一樣明顯，對方一看就知道。不過，他們並不會暗示性地指指自己的門牙來提醒你，而是會用一連串的反對意見回敬你。

但也不能怪他們，擾人的銷售菜渣讓人以爲你缺牙，還害你無法成功推銷。錯在你身上。是你最初學來的溝通方式導致你被拒絕。

這樣說吧，你的簡報到了尾聲，你預設對方會買，於是說：「契約上的姓名要填哪位？你的電話號碼幾號？住址是哪裡？銀行帳戶號碼呢……？」說這句話的同時，你也發射出好一大顆氪星石。

十之八九的顧客會怎樣？他們會面有難色，然後說：「等一下！我並沒有說我預備好要買啊！不然你留資訊給我好了，等我有時間考慮看看、跟另一半（還是誰誰誰）討論後再給你回覆吧？」

然後你就必須進入應對反對意見的模式了。教你要預設對方會買的銷售祖師爺，也教你如何應對反對意見，但會引起反對就是他們傳授的方法害的啊。齁，會暈倒！

銷售迷思六：一定要成交——成交的ABC法則

乾脆在ABC後面接個DEF——**Don't Ever Follow**（不要遵循），如何？就是千萬不要遵循這個已經作古的銷售迷思啊。事實上，我們真正要遵循的法則是成交的ABD——**Always Be Disarming**，**一定要消除對方的防備心**！

以下是各種不同的成交法，但它們全都無法在建立信任感的新模式中發揮作用：

- **選項式成交**：「你要紅色，還是藍色的？」
- **邀約式成交**：「不如試一試吧？」
- **預設式成交**：「好，我來安排。你想在星期二下午，還是星期三早上收件？」
- **選擇式成交**：「簽約時要用你的大名，還是公司名？」
- **實證式成交**：「我可以介紹你最佳的投資選擇，想不想看看？」

講出「我可以介紹你」這句話時，焦點在誰身上？銷售人員身上。所以你現在必須證明自己的產品或服務是現有最好的選擇。可是我們知道，在後信任時代，信任已死，因此你打算要證明什麼時，持懷疑態度的潛在客戶會想要證明你錯了。他們就愛打臉你。

不要給他們這種機會。可以把說法換成：「**假設有……**」，例如：「**假設有一種投資選擇能讓你獲得期望的報酬率，你是否會感興趣？**」

保持中立，就沒有非得向客戶證明什麼不可的壓力。這樣能減輕壓力，讓你放輕鬆。最厲害的銷售業務**隨時是**中立的。一般般的銷售業務一定會偏頗，因爲他們聚焦於自己身上，而不是潛在客戶或顧客的問題。記住，對銷售來說，中立的環境既安全且放鬆，而多數銷售都是在放鬆環境中促成的，正如傑佛瑞・基特瑪所說。

傳統的推進成交提出的問題聽起來很好，但今日的消費者通常不吃這一套，因爲他們都聽了幾十年了。在當今的經濟環境下，消費者能運用科技的力量來比較你的其他競爭對手的選擇。

現今的消費者才不會被操控。他們不想要聽人單方面滔滔不絕地說與推銷，他們希望別人發問、聆聽和理解。

新銷售模式的五個關鍵原則

前述的舊式銷售法自然會引發銷售阻力和壓力。用這些方法害你賺不到應得的收入。搖滾明星爲了最好的音質表現，會堅持使用特定品牌的吉他，新模式的銷售業務也一樣，絕對不會去用令人不安又彆腳的技巧，因爲他們知道這樣會讓自己的銷售力平庸，還導致觀眾在安可曲還沒開始前就離場。

現在釐清所有迷思後，我們來快速看看新銷售模式的五個關鍵原則。

一、**你做銷售的目的是幫忙發現問題，並解決問題**。在交流過程中，你透過提問來發現問題，找出導致這些問題的原因，並了解它們如何影響潛在客戶的生活。你必須成爲問題發現者，並且精準聚焦於幫助潛在客戶解決問題。這表示你得讓自己抽離銷售成果，轉而先關注是否該進行銷售。

二、**時機是一切，尤其是在正確的時間提出正確的問題，但不是爲了讓別人按照你期望的回答而設計的問題**。你需要拋出高明的問題，引出對方內在和外在的眞相，最重要的是，引發他們情緒當中的各種感觸。

三、**要仔細聆聽潛在客戶話中的意思，而不僅僅是他們表面說出的話**。這包括放棄等待機會發言或思考接下來要說什麼；還有要放慢腳步、不帶預設立場來傾聽他們問題背後的原因，不要帶入你個人的詮釋或判斷。也就是說，你要完全敞開心胸。

四、**運用「承諾公式」來達成交易**，也就是概述潛在客戶的主要問題和這些問題帶來的情感痛苦，然後簡要描述你是做什麼的，內容一定要包含你的產品功能有哪些好處可以解決他們面對的麻煩。這個公式的下一步是問一個篩選條件的問題，然後詢問原因來請他們釐清答案。最後也很重要的一點，是要拋出一個提請承諾的問題，幫助他們主動成交。

五、**爲了消除銷售壓力和阻力，必須建立信任、使用中性的語言**，更重要的是，聚焦於潛在客戶與他們正在尋找的東西，而不是你自己的成交任務。

以上五個原則可以拿來玩玩《凱文・貝肯的六度分隔理論》遊戲。這時候，凱文・貝肯指的就是NEPQ（神經情緒的說服提問），因爲當你使用這些問題時，就能快速判斷是否有銷售的機會、建立信任，並讓潛在客戶說服自己，同時也可以消除銷售時感到的壓力、緊繃和遇到的阻力。這就像是貝肯最棒的電影——《渾身是勁》《餐館》《阿波羅13號》《軍官與魔鬼》，以及爭議較多的《野東西》，全都融合在一起。

現在可以開始深入探索在新銷售模式的每個階段如何運用NEPQ了。我們先來學習怎麼用說話技巧通過守門員這一關，好嗎？

第三章

通過守門員關卡

我要做的事情只有三個。我必須選出對的人、分配對的預算，
以及用光速把一個部門的想法傳達給另一個部門。
所以我的工作其實是守門員和想法的傳達者。
——傑克·威爾許，前奇異公司執行長

如果跑過趴或上過夜店，想必會看過入口處圍起的紅龍，說不定還有人爲你開道，猶如電影《十誡》中飾演摩西的演員雀爾登·希斯頓分紅海那樣，或者像奢靡夜店「54俱樂部」老闆史蒂夫·魯貝爾一樣，引領奧斯卡影后麗莎·明妮莉和傳奇設計師侯斯頓·佛洛維克進入舞廳。守門員主宰了你當晚的社交命運。你可以得到放行，還是只能回家乾下一罐白爪酒精飲，邊怨嘆自己在交際活動中吃鱉，全操在守門員的手上？在銷售這一行，我們也面臨類似的挑戰。

突破守門員的防線，是多數銷售業務最常遇到的難題，而在現代生活中，你會遇到很多守門員的挑戰。因此能通過這些潛在的關卡是一項關鍵技能，可爲你爭取到與新客戶交流的

時間。儘管如此，很多銷售業務缺乏成功應對守門員的策略性方法。可是過不了這一關，後面就沒戲唱了。再說了，後果可不是進不了貴賓區、失去一夜狂歡的機會而已，你面臨的可是生計問題。

對待守門員，要像對待重要資產

作家羅傑・道森是完全談判協會的創辦人，《成功》雜誌稱他是「美國首屈一指的商業談判專家」，他說：「要把遇到的每個人都當成是你今天要會見的大人物。」他說的千眞萬確，不過當今成功的銷售業務對守門員的禮遇**更甚於此**，因爲這些人手上握著授權碼，能打開擋在成功前頭的防火牆。

在有些公司（無論規模大小），櫃台會坐著一名接待人員，你務必要跟這個人打好關係才行（通常大公司會安排兩、三個人來負責這項職務）。如果你會經常到訪，那就一定得跟這些人混熟。就像傑瑞一再強調的，要把他們當重量級人物看待，因爲他們就是這麼重要。他們往往知道誰能幫你向想見的人打通關，或者知道哪些人可以進出。你不見得知道這些接待人員認識大公司中的哪號人物，所以取得他們的正面觀感是上上策。有太多銷售業務根本不太關注他們。每個人身上都有著隱形的刺青，上頭寫著「我要受重視」。跟這些人打好關係，會讓他們感覺自己受重視！他們的確也該得到重視。

一旦接待人員放行，讓你去見「眞正」的守門員後，同樣的原則依然適用。把每個人當成重要人物來對待。如果你像我們在各大公司那樣，已經培養相當的交情，雙方聊起來會很順，而且可能很有意思。要是你第一次來訪，就要做好向守門員請求見決策者的準備，不過**「前提」**是你必須先跟他們打好交情。可以問問以下問題：

- **你願不願意跟我說說你的事？**
- **請問你在這家公司待多久了？**
- **能不能透露一下她通常希望跟我這樣的訪客談多久？**

請記住，如果潛在客戶或現有顧客願意見你的機率不到九八％，你根本就無法「通關」。因此，把重點放在培養眼前的關係。

要是對方問你「從事哪一行」，你可以給出類似以下的回答：

你知道嗎？貴院有些腿骨折的病患很不願意乖乖穿護具，因為他們對康復過程很不耐煩。欠缺耐心會讓傷勢惡化。

我們公司三個月前推出一項產品，聽聞消息的醫師都很期待，因為這項產品採用的技術可以避免因為不遵從醫囑而導致骨折處產生新傷。我們提供一個能放在任何護具上的小晶片，萬一有人不穿護具而有加重腿骨折病情的危險，晶片就會通報貴院。你覺得，史密斯醫師會不會想多了解這項產品？

還有一點很重要，一定要時時觀察和傾聽，尋找出雙方的共同點，以及任何能展現你體貼一面的機會，讓對方在你離開後還會記得。舉例來說，如果對方（守門員）說他有個二十一歲的女兒，還不確定來年畢業後何去何從，或許你可以這樣回答：

我曉得你們全家人和她都很興奮。能不能讓我推薦一本她可能喜歡的書？內容好讀，又可以幫助她做出選擇。這本書是維多利亞．拉巴姆寫的《大

膽向前》（*Risk Forward*），專門為世界各地眾多對未來方向感到迷惘的人所寫。它讀起來輕鬆有趣，說不定能讓她畢業後盡快找到前進的方向。你參考參考，下次再跟我說說感想，好嗎？

還有，離開之前一定要問：

很高興見到你，並有緣認識你。如果將來遇到什麼疑問必須請教你，請問通常怎樣聯絡你比較好？因為我真的很不想老是來打擾你或你的同事。

最後，記得把聯絡資訊給對方，並快速了解一下他們在什麼情況下會找你。

你只有八秒說服人聽你說話

作家瓦萊麗・索科羅斯基（Valerie Sokolosky）是推動形象顧問和商務禮儀產業

發展的創始專家之一。她表示，想贏得守門員的青睞，並讓他們打開紅龍圍欄，就要把他們當成客戶來對待，並且打動他們的情感。「無法觸動人心，對方就不會繼續聽你說話。如果你也只是眾多普通人之一，那麼無論你是誰、說了什麼，你什麼事情都做不了。」她說：「就算你把每件事情都做對，還是會有一道牆存在。如果不能打破這道牆，就不會有什麼突破。」況且，它也不像現今報紙和雜誌的付費牆，花錢就能解鎖。能不能突破這道牆，是一翻兩瞪眼的事情。

一旦掌握應對守門員的技巧，就會明白要打破這道牆也沒那麼困難。跟守門員打好交情後，就能提升成功率。沒有人喜歡聽人亂叫名字裝熟。跟守門員能互相直呼名字，這件事超越金錢價值，是無價的。

守門員的角色通常由公司的接待員或決策者的行政助理擔任。他們的職責就是接聽電話（嗯，過濾電話），並拒絕那些他們認爲不重要的人。很多守門員對外來者都感到無奈。這點也是可以理解的，試想，很多銷售業務爲了接觸決策者，常常會耍手段越過守門員這一關。讓不該通過的人過關去找老闆，守門員很可能挨罵，所以他們會極力盡好職責。

往往被忽略的是，守門員常常是最機靈、直覺強且重要的職員，所以要有特定的心態才能說動他們。這不同於麻煩的付費解鎖牆，他們是收買不了的。過去的銷售模式可能會教你避開守門員，或是直接繞過他們。如果想惹怒他們，這樣做準沒錯！

他們稱為「守門員」，不是因為這樣聽起來像烏托邦科幻片中的人物。這些人是你潛在客戶事業的重要資產，所以也要把他們當成重要資產好好對待。如同愛因斯坦說的：「我對任何人的說話方式都一樣，不管對方是收垃圾的，還是大學校長。」切記，守門員都很熟悉銷售招式，因此要有點變化，才能脫穎而出。

首先，放掉達成交易的執念，先把焦點放在是否適合銷售。想要成功的話，就必須抽離對成交的期望。

舉例來說，你有決策者的專用號碼，但打過去對方沒接。何不打給總機，請接待員或守門員找找他們在哪裡？

新模式的銷售業務：「嗨，我在想能請你幫個忙嗎？我想找艾力克斯，但電話一直轉接到語音信箱。你知不知道他是在開會、吃午餐，或者可能休假呢？」

請注意，你不是直接請守門員去找艾力克斯，而是提出可能找到他的方法。這樣就不會對接待員施壓，而只是一場普通交談。

守門員通常會給你其中一種答案：

一、他在開會。

二、他正在用餐。

三、他出遠門／休假中／出差。

比起留語音訊息，守門員的答覆能給你更多資訊。現在知道潛在客戶在哪裡了，你就可以在更合適的時機打電話，無論是當天，或者在你知道他們會返回工作崗位的時間進行「即時」對話。

但等等！接待員也可能會說：**「我不知道艾力克斯今天在哪裡。」**這時候，不要強求追問，只需要用非常平淡的語氣回答就好，比如**「沒有關係」**。這種**「輕鬆」**的說法可以消除接待員感受到的銷售壓力。

接下來可以說：**「請問，你是否認識在他辦公室附近或同單位工作的人，可能知**

道他在哪裡或什麼時候有空？」

這時候，你只是又給接待員另一個提議。通常他們會回說「有的」，然後轉接給知道艾力克斯在哪裡的公司同事。

皮克斯和《辛普森家庭》的編劇馬修．盧恩，在《跟皮克斯學故事變現》一書中描述了現代銷售的戰場。他說：「你只有八秒的時間說服別人相信你的話值得一聽。過了八秒後，對方就會分神、聽不下去或走人。」是八秒喔！喜愛音樂劇《吉屋出租》的人就會知道，一年有五十二萬五千六百分鐘①，不過為了讓這八秒鐘的概念更具體，我們不妨來想想在這短暫的時間裡發生的事。

印第賽車精密編排的一次維修站停靠時間就是八秒鐘，我們也很肯定有些抖音挑戰影片可以在八秒內拍完。「8 Seconds」也是一九九四年一部B級西部片《8秒出擊》的英文片名，由路克．派瑞和史蒂芬．鮑德溫主演，片名的由來是牛仔比賽選手必須在凶猛公牛上停留八秒鐘才得分。舉這些例子很冷門，沒錯，但換句話說，短短的八

①編注：《吉屋出租》的主題曲〈愛的季節〉（Seasons of Love）歌詞中提到，一年有五十二萬五千六百分鐘。

秒時間能做的事並不多，而我們在這裡要你用這麼短的時間說服人聽你說話。不簡單，但要做到，絕對可以。

個人化開場介紹

切記，只有八秒的時間停留在鑾牛上或換好輪胎——要引起守門員注意的時間恐怕更短！這就是爲什麼創建一份個人化開場介紹非常重要，它能幫助你脫穎而出。這麼做可以簡單扼要地告訴對方你的工作內容，以及如何幫助他人。這也適用於所有潛在客戶。

就拿這個情境來說吧：一名銷售業務打電話到醫師診間，想與潛在客戶洽談。一名守門員接起電話。以下是仍使用傳統銷售技巧的一般般銷售業務會說的話：

守門員：「你是做哪方面的？」

一般般的銷售業務：「我來自XYZ公司，敝公司是世界級的頂尖製藥廠，推出的新藥叫做XYZ，真的能幫病人控制血壓。世界各地的醫師都對它讚不絕口。事實上，我們的藥連續三年被貴院所在地的眾多醫師評選為最推薦用藥……」

然後呢？後續也許就像你經歷過的，潛在客戶或守門員會說類似這樣的話：**「我們已經在使用其他公司提供的相同產品了」「我們不需要」「我們沒興趣」**，或者**「能不能一星期後（一個月後、一年後……）再打來？」**結果，你什麼都沒賣出去?!

最頂尖一%的銷售業務知道，要像磁鐵一般吸引潛在客戶，他們不必告訴對方自己是做**「什麼」**的，而是要說明他們做的事**「如何」**幫到別人。這樣的回覆聚焦在多數人能感同身受和意識到的普遍挑戰。這會展現出你的**「目標」**是幫助他人解決這些問題。

再來看另一個例子。假設新模式的銷售業務要推銷金融服務給高淨值投資人。

守門員：「你是做哪方面的？」

新模式的銷售業務：「是這樣的，你知道嗎？很多高淨值投資人有時候會擔心自己的投資，因為股市波動，經濟成長的起伏，以及中央銀行政策的變動。我們公司有一套獨有的投資組合，已經有二十年的良好紀錄，能為我們的投資人獲取相當可觀的報酬。另一方面，由於我們獨特的財務結構，因此能在風險極小的情況下實現這一點。」

你覺得，投資人會擔心股市波動嗎？你認爲，他們會想保護自有資金的投資嗎？呃，這還用問嗎？那是當然的！

以下是我（傑洛米）被問到做哪方面的事時的回答範例：

是這樣的，你知道嗎？有很多公司有時候由於競爭對手開價低，丟掉訂單，因而感到挫敗。他們怕銷售團隊無法穩定達到業績目標，也非常擔心銷售業務的業績不好。我們的工作就是幫助這樣的公司，訓練他們的團隊學習如何使用特定的提問方式和技巧，可以順應人類行為，讓他們成為業界「受信賴的權威」。這樣一來，他們不僅可以收取更高的價碼，還能同時達成業績目標。

接下來你可以在個人化開場介紹的結尾提問，例如：**「貴公司是怎麼培訓銷售業務的？」**

現在輪到你建立個人化開場介紹。一個出色的個人化開場介紹包含三個部分：

一、問題。
二、解決方案。
三、提問。

我們一一來看。

一、問題

回覆時用「你知道嗎？」來起頭，然後說出兩到三個你的潛在客戶會有同感的業界普遍大問題。當然，這些問題必須是你的解決方案可以解決的，而不是像《歡樂單身派對》的主角傑瑞・史菲德開場的那種搞笑問題，雖然這也很有趣，但這裡就先不考慮了。重點是：八秒鐘、八秒鐘。

新模式的銷售業務在某種程度上像是銷售的治療師，是問題的發現者和解決者，而不是強推產品的推銷員。你的職責是挖掘對方的問題、釐清問題的成因，並判斷這些問題對潛在客戶造成什麼影響。你行的！

二、解決方案

這時候你要展現出自己的工作如何幫助人解決難題。這裡的關鍵是：使用簡單的語言，不要太浮誇，別像電視購物頻道的銷售員一樣大吼大叫。不要用「買一送一，心動不如馬上行動！」的招數。這時候要稍微平心靜氣、低調一點。

開頭說：**「是這樣的，我的工作是幫助個人／公司〔填入你判斷對方有的特定問題〕」**，接著講你的解決方案究竟如何**「解決」**這些問題。要像用Ginsu刀具（千禧年和Z世代的朋友要查查谷歌囉）一樣，乾淨俐落地切入重點。

三、提問

這時候，你要提一個問題，把焦點拉回到對方身上，讓你能探索和找出他們的問題所在，以及你能否幫上忙。比方說，你賣的是金融服務產品，可以這樣提問來打開話題：**「我很好奇，你自己投資什麼？」**或**「你的投資組合怎麼分配？」**

提出這類問題，會立即把焦點轉向潛在客戶，而不是放在你自己身上。這樣和對方建立關係的效果，遠遠好過於傳統的舊銷售方法。因爲說眞的，除了必須一直重複聽史上最爛歌——星船合唱團的〈我們建造了這城市〉之外，很少有什麼比聽人跳針講自己的事還折磨人。

你的個人化開場介紹目的不在於向人推銷，而是讓對方不會想把你說的話「消音」，願意與你雙向交流，看看你能不能幫上忙。企業對企業（B2B）市場的銷售，會比企業對消費者（B2C）市場的銷售複雜許多。事實上，B2B可能牽涉到六到十名決策者，所以挑戰比以往更複雜。採購的途徑不是線性的。因此，你必須在出場時脫穎而出，展現出與競爭對手不同之處——不用扮裝和雜耍啦，不過要是打扮成一隻銷售樹獺可能也會爆紅。

哈佛商學院教授麥可．波特說過：「策略講求的是讓自己在競爭中脫穎而出。重點不在於比其他人做得更厲害，而是做得與眾不同。」

B2B銷售時也必須像疊樂高一樣，一塊一塊地建立關係，因爲這些公司複雜又分層級。但這更像是玩疊疊樂，必須仔細斟酌從哪裡與如何切入才不會毀掉前面的基礎。一旦打入關係後，就要評估是否能維持住，也就是看有沒有機會繼續運用關係，將你的品牌專業知識或見解傳到該組織的其他單位。

對於較小規模的交易型銷售，快速的電話聯繫、社群媒體互動，以及電子郵件推送可能就足夠了。大多數人很熟悉交易型銷售——也就是日常生活中直接向個人或小群體進行產品與服務的買賣（例如：雜誌訂閱、在史泰博辦公用品店採購印表機，以及購買手機、汽車保險等等）。

在大多數情況下，這些類型的交易週期短、風險低。很多新創公司在事業起步時就是以交易型銷售爲主。這些銷售通常是一、兩通電話就成交的週期。它主要是賣出單一產品和服務（或是小型套裝產品），並透過行銷和銷售來帶動消費，而不是靠人際關係。你可以把它想像成是隨興的約會，而不是那種會在臉書上公開穩定交往中的正式關係。

複雜銷售（complex sales）是認眞來往的關係，需要培養與精準了解潛在客戶特定的需求。這種銷售與大多數的關係一樣，也需要耐心。對於複雜銷售所需的高度聚焦、精準觸達的方法，我們已學到一些要訣，希望能傳授給你。

複雜銷售的風險較高、可能牽涉到的利害關係人較多、高投資額，且銷售週期更長。就好比是分八季播完七十三集（或者有些人幾星期熬夜追完）的《冰與火之歌：權力遊戲》，並不像只有七集、一個多月內就能完結的《東城奇案》。

投資額越高，風險越高，複雜度也越大。銷售業務必須在組織的需求與產品或服務的性能之間找出平衡，才能提供客製化且大規模的解決方案。這些銷售必須歷時**「好幾個月」**，讓潛在客戶考慮建議的解決方案，以及比較你和其他競爭品牌的產品或服務。因爲多了這一層複雜性，所以採取不同的做法可以獲取更佳成果。

在很多案件中，必須經歷一連串的事件，花好幾個月取得理解，有時甚至要耗上數年才能眞正接觸到客戶。結果，潛在客戶可能要花幾個月與你互動後才會表達有意進一步合作。亞里斯多德說過：「耐心是苦澀的，但它的果實是甜美的。」這句名言可不是隨便說說。要堅持下去啊。

《冰與火之歌》作者喬治・馬汀的名言：「不同的道路有時會通往同一座城堡。」這座城堡通常會有數條護城河和幾名守門員的護衛，所以小看守門員是不智之舉。採取相反的做法，結果可能對你有利。願意去了解他們是誰。友善對待、全心關注，然後建立信任。說不定他們還有神級食譜，可以讓你星期二吃的塔可餅更美味呢。

把守門員當人看

把守門員看成是擋在前頭的保全人員或大塊頭保鑣，而不是好好看待他們身為人的一面，是不會讓你有進展的。這樣做不了買賣。想提高銷售表現，最忌不把守門員當人看，還把他們妖魔化成山怪，而且不是史瑞克那種可愛型的。這些守門員非常認眞看待自己的職務，希望別人能認定他們是專業人士，所以我們就該以這種方式對待他們。要把每個人都當成是重要人物，因爲所有人確實都很重要！如果守門員認爲你很眞誠，而且有別於那些不把他們當成團隊重要一員的咄咄逼人業務，他們就會加快你的通關流程。

人性就是希望被看重，就算是謙虛的人起碼也是希望被人需要。針對這點的最簡單做法就是以有禮貌、不侵犯的方式眞誠關心對方：問問他們在職務上遇到什麼難題、家人近況、怎麼會來到這個地方、工作之餘有什麼愛好。與其刻意走上前或致電打招呼，倒不如以不帶任何企圖的方式與他們聊天。展現出你關心他們，也眞的爲了聊他們的愛好來交談，然後找出共同話題。搞不好你可能也開發出新愛好，比如狗狗選美，或者帶著熨斗挑戰極限燙衣運動。就算沒產生興趣，起碼也收獲一些話題，可以拿來在雞尾酒會上與人聊天。

這麼做時，守門員會放下防備，也會看待你身為人的一面，而不是像要遠離好管閒事的鄰居或Tinder約會雷包那樣對你敬而遠之。把他們當成是「具有影響力」的人物，因為坦白說，在此刻，他們對你的影響力確實超過你家正值青春期的女兒在關注的Instagram百萬網紅。千萬別犯蠢了，你想合作的公司負責人會把他們放在守門員這個位置，就是高度看重他們，因此你也應該如此對待他們才行。

在這個充斥自動化、機器人餐廳服務生，以及採用人工和自動化混合的商業模式的世界裡，大家仍然渴望人與人之間的連結。這需要投注時間和運用技巧，不過對你和潛在客戶都是值得的。人們會尋求人性化的客製體驗，這就是為什麼自助結帳櫃台總是有員工在周圍巡視著，也可能是他們的結帳能力仍舊比消費者強啦，但你懂我的意思。銷售最需要改進的一件事；就是更好的人際互動。

對於更有同理心、更個人化的服務需求，也反映在銷售過程中。麥肯錫的研究發現，七〇%的購買體驗是取決於顧客對自己所受待遇的感受。②這類統計資料顯示，顧客希望受重視，並希望被視為獨立個體，而不是單純的數字或占比。

先搞清楚守門員是什麼來頭

一旦你放下想強勢推進的施壓，不再像瘋搶便宜者在黑色星期五爲了四十九美元平板電腦那樣拚命要橫掃千軍，並眞正把守門員當成和你一樣的人來看待，那麼了解對方是什麼樣的人就變得很重要。根據二〇一七年發表在《人格與社會心理學期刊》上的哈佛研究顯示，在提出一個問題後，後續提出兩個以上的問題，能大幅提升你獲得的好感。③所以儘管開口問吧！

像是傑瑞時常掛在嘴邊的：「人喜歡談自己的事」，所以要讓守門員說說話。問問他們今天過得怎樣，或是最喜歡的運動隊、電影、樂團或食物。就算他們最喜歡的樂團是常被戲稱爲「全世界最討人厭」的五分錢合唱團，你還是要跟潛在客戶身旁的人建立起可以直呼名字的關係。

記住，這不是要找另一半，而是要建立商業夥伴關係。

即便事先做了功課，但遇到守門員這類人物時，你還是無法完全清楚他們的來頭。傑瑞在他那閱歷豐富的職涯中有無數次發現，接待員是公司副總裁的親戚好友。特助有可能是執行長太太表親的死黨。你懂了吧？你永遠不會知道自己在和誰說話，但你應該透過一些不帶壓力的問題，盡快弄清楚對方的來頭。

信任要伴隨著關係而來

因爲信任感在銷售業已經變成鳳毛麟角，所以守門員也會跟你的潛在客戶一樣抱持懷疑態度，甚至有過之而無不及。因此，你也必須取得他們的信任。他們手握能讓你約到夢寐以求客戶的通行權限，更不用說他們還有潛在客戶的電話號碼。一旦你摘

---

② Marc Beaujean, Jonathan Davidson, and Stacey Madge, "The 'Moment of Truth' in Customer Service," McKinsey, February 1, 2006, https://www.mckinsey.com/capabilities/people-and-organizational-performance/our-insights/the-moment-of-truth-in-customer-service; and Devon McGinnis, "Customer Service Statistics and Trends," The 360 Blog from Salesforce, May 2, 2019, https://www.salesforce.com/blog/customer-service-stats/.

③ "It doesn't hurt to ask: Question-asking increases liking.," *Journal of Personality and Social Psychology* 113, no. 3 (September 2017): 430–52, https://doi.org/10.1037/pspi0000097.

下可怕的大反派面具，並經由了解守門員或潛在客戶的背景，將他們變成你的盟友，接下來就該進入建立信任的階段了。

互動和參與的英文engagement，在浪漫愛情中是指「訂婚」，也就是婚前深入了解彼此的階段（傳統上還要有鑽戒）。在溝通和銷售中，這個詞也有類似的意思（扣除鑽戒）。信任要伴隨著關係而來。在後信任時代，信任是影響你銷售成功與否的主要因素。

比以往更重要的是，我們銷售業務在與潛在客戶互動時，必須將他們當成獨立個體、視爲一個人，然後才能推進我們的解決方案。

你與人建立關係的方法是透過行動。你的行動自始至終要貫徹如一、持續，而且可預測。一旦對方信任你，就會聽你說話。在複雜銷售中，與人的第一次互動應該只有一個目標，那就是讓對方願意再次和你交談。如何做到這一點呢？必須建立信任感。記得要把焦點放在對方身上，以及他們的世界，這樣你就能成爲他們心目中認定可以安心往來的銷售業務，因爲他們信任你，也信任你有幫助他們的誠意。你不光只是來推銷東西的。

如果你跟某人有了寶貴的商務關係，就會有三個事實成立。第一，你需要時可以聯繫到對方。所以，如果你打電話過去，對方會毫不猶疑回電。第二，你可以影響到對方，也就是說，對方聽你說話的態度會不同。交談的對象是陌生人，還是建立好關係的人，兩者的差別在於：有關係就能引發關注。第三，你做的事情能幫助對方成功。以希伯來文來說，這叫做「**mitzvah**」（善行），沒錯，這是做好事。

傑瑞有一個精采的經歷，完美闡釋這個方法。身爲藥廠銷售業務，傑瑞遇到一名醫師不願意讓業務進診間。這名醫師算是阿拉巴馬州影響力最大的。有一次，傑瑞公司的業務打電話問他：「我要怎樣才能進去見麥克阿提醫師？」傑瑞問：「你跟醫院的關係如何？」這名業務告訴傑瑞，他與醫院的員工非常要好，於是傑瑞繼續問下去。

傑瑞問：「他有固定作息嗎？」

銷售業務確認道：「他的作息非常規律，每天早上六點就到醫院了。」

「好。」傑瑞停頓一下後說：「那你可以每星期找一天早上六點過去。跟他一起走進醫院，然後說說『你看道奇隊怎樣啊？』這類的話。」

因爲傑瑞時常跟該醫院員工聊天，他們跟他講這位醫師是道奇隊的超級粉絲，他曉得這個資訊日後能派上用場。請記住，每次都要聽好守門員和客戶的周遭人說了什麼。**「所有」**資訊都很有用。

傑瑞繼續說：「這樣持續三到四星期後，他就會看著你，問你是哪位。你就回答：『其實我是藥廠業務，我知道我不能進診間找你。我很想跟你談談，但不希望打擾你，或是讓你覺得有壓迫感。』」

傑瑞的銷售業務這麼做以後，醫師給他坐下來談的機會，並仔細聽他做簡報。這段經歷讓我很驚豔。這次交流讓這名業務成功爭取到歷來開立這款藥最多的醫生，這一切的起點是洛杉磯道奇隊，以及與守門員打好關係。

要通過守門員這一關的最佳建議是：**不要再跟其他人說著一樣的話**。要在建立關係的初期，就讓銷售對話充滿人情味，讓他們感受到自己眞正的重要性。他們確實也很重要，因爲你需要他們幫忙才能了解潛在客戶。對方覺得你有誠意，而不是「油嘴滑舌的業務」，他們會很樂意幫忙。偷偷透露給你：公司花錢聘他們，就是專門要攔阻這些油嘴滑舌的人。

一旦這麼做，他們就會感覺到你是眞心的。你跟其他銷售業務不一樣。你眞心想知道能不能幫上忙。但也不可以像參加《極限體能王》那樣橫衝猛撞，不要操之過急，要以更有策略的方式進行。慢慢的，你的客戶就會透露自己的事，但要是你太過躁進，對方就會閃避。先從無關銷售的話題開始，聊一些你知道對方有興趣的事情。這樣一來，可以建立信任感，同時區隔自己與其他競爭對手的不同。

不過，我們先來談大家畏懼的陌生電銷。在這個用即時訊息溝通的時代，有些人會認爲，陌生電銷在銷售業中好比是闌尾，是那種從遠古時代演化後殘留下來的沒用器官。但事實可不是如此喔。陌生電銷還是很有效，而且不必像看牙醫那樣令人害怕。

不會產生銷售阻力的陌生電銷

《Inc.》雜誌上有篇文章〈爲什麼大家不再進行陌生電銷：心理學觀點〉，說出了我們已經有的認知：「大家越來越避免講電話，轉而使用聊天軟體和簡訊，而且不僅在職場上如此，消費者也有這種傾向。」

我們並不是說陌生電銷完全沒效果，因爲傑瑞接觸過一個光靠陌生電銷就賺進一千五百萬美元的企業，不過現在要碰碰運氣。無論如何，陌生電銷尚未沒落，銷售業務還是會這麼做。

你覺得潛在客戶每星期或每天會接到多少通推銷電話？天天都有銷售業務會打電

話推銷產品或服務。他們都聲稱自己的產品或服務是最厲害的。因此，潛在客戶在來電顯示是陌生號碼時，會特別敏感。你的潛在客戶自然而然就會對打來的銷售業務起疑心。你的潛在客戶已經很擅長從你的用詞和語氣中，解讀出微妙或明顯的訊號——而且前提是他們一開始就願意接聽電話。

如果打來的人只是隨便一個想要來推銷東西的業務員，潛在客戶感覺得到。你的目標就是：讓自己的話不要聽起來跟那些天天打電話給他們的銷售業務一個樣。

好，那麼電話響起。他們沒有按下拒接，而是接了起來。接下來幾秒鐘會發生什麼事？你還沒說完平常用的那句開場白：**「你好，我叫 XXX，敝公司是 ABC，我們做的事情是……」**這場通話就差不多沒戲了，對吧？

為什麼這種陌生電銷在幾秒鐘內就被掛斷了？嗯，九九％的推銷者一開頭就只顧著照本宣科地說著「既定」的推銷話術，而且劈里啪啦地講，只盼對方能不掛電話聆聽，對吧？

你覺得，對方聽你介紹的時候，心裡在想什麼？翻白眼就說明了一切，對吧？如果你接到陌生的推銷電話，然後銷售業務開始講起推銷話術，你心裡會想什麼？

你可能會起戒心，想方設法要擺脫打電話來的業務，是吧？或者，你乾脆就掛斷電話。你也會說「聲音斷斷續續，收訊不良，不說了」，對吧？陌生電銷之所以經常失敗，原因很簡單：潛在客戶覺得你想推銷東西給他們。爲什麼呢？

因爲我們試圖強推的力量會觸發潛在客戶的抗拒情緒，並啓動他們在感覺受到侵犯時的自我防衛機制。當潛在客戶覺得銷售業務對他們的世界一無所知，只想強推解決方案時，他們會感受到壓力，然後回絕。

以下來看看銷售業務分別使用老方法和新模式，打電銷給陌生客戶推銷數位服務的範例。

一般般的銷售業務：「嗨，是約翰嗎？約翰你好，我叫菲尼亞斯・T・巴努，我們是XYZ公司，我今天打來是要……」（開始講自己提供的解決方案，並祈求說出的話可以神奇地讓潛在客戶願意聽下去。）

潛在客戶：「這項服務我們已經有合作廠商了，所以不感興趣。」

一般般的銷售業務：「我知道改用我們的服務可以讓你更省時又省錢。能不能耽誤你兩分鐘來說明，讓你知道XYZ能給貴公司的服務呢？」

潛在客戶：「那個，我在忙不方便談。你下星期再打來，到時我可能有空聽。」

※劇透：潛在客户説這句話只是爲了擺脱銷售業務。

一般般的銷售業務：「太好了，沒問題，我下星期再撥電話向你說明。我知道你會很喜歡我們的服務，我知道我們可以幫貴公司節省時間和金錢。」

※現在是什麼狀況？你眞的認爲，銷售業務下星期再打電話過去時，潛在客户會接聽嗎？呃，用膝蓋想也知道吧？

我們花點時間來分析這通電話。

多數銷售業務都學同一套制式的開場白。這種開場白簡直毫無新意，甚至讓人能像當紅男團主唱一樣對嘴背出來：**「嗨，我叫達斯汀．廷伯龐德。我們是XYZ公司，我今天會打來是因爲……」**令人哈欠連連。你還沒說「喂」呢，心裡就已經在說掰掰了。

或像這個例子：

嗨，我叫約瑟芬．法彤，我是XYZ公司的專員。敝公司專門做……

然後接下來七到十秒通常會發生什麼事？賓果，你猜對了。最經典的拒絕詞就是：「不用」「沒興趣」「已經有了」「我正在忙，不方便談」，或是「我們沒錢買」。結果就是一連串的回絕理由，這一切全是由銷售業務的開場方式引發的。這名銷售業務一點機會都沒有，從一開口就出局了。悲慘啊。

現在來看看新模式的銷售業務會怎樣開啟陌生推銷電話。

新模式的銷售業務：「哈囉，請問賴瑞．史代爾斯在嗎？」

潛在客戶：「我就是。」

新模式的銷售業務：「嘿，賴瑞，我是賈斯汀．史考特。我在想能不能請你幫一個忙？」

潛在客戶：「嗯，有什麼事要我幫？」

新模式的銷售業務：「我不太確定你是不是我要找的對象，我打過來是想知道，貴公司願不願意看看過去或目前在離線行銷是否遇到什麼隱藏的漏洞或問題，讓你們每個月廣告開銷過高?」

潛在客戶:「你是哪位?怎麼會談這個?」

新模式的銷售業務:「不好意思,沒有冒犯的意思。關於我們的專業,你知道怎麼……(接下來開始講你如何幫助別人的個人化開場介紹。)」

假設潛在客戶回說:**「我們有合作的代理商了。」**也沒關係,這並不代表結束。

你接著可以類似這樣回:**「是的,確實很正常。說實話,我也不確定我們能幫到貴公司。我需要再多了解貴公司的離線廣告的做法和成效,才能知道能否幫上忙。萬一幫不上忙,我們結束通話就好,或者我可以推薦在這方面更能幫助貴公司的人。這樣可以嗎?」**

無論能否幫上忙,你這樣是將自己定位爲問題的發現者和解決者,這很可能爲你敞開新契機的大門。

對方不曉得你是誰,也不知道你的解決方案是什麼時,他們可說是最冷淡的陌生客戶。他們甚至不知道自己有問題。因爲對問題無感,認爲現在的業務運作一切正常,所以他們根本不會留意到你的解決方案。然而,當你能讓潛在客戶放下戒心,開始願意跟你往來並敞開心扉時，就能開始剝開層層面紗，揭露他們問題的嚴重性。

所以在陳述問題之後，多數情況對方會問：「**你是哪位？**」或「**怎麼會談這個？**」這時候你就直接切入自己如何幫助他人的正題。

以下給一個範例：假設你要推銷的是客源開發的服務或廣告宣傳，以下是新模式的銷售業務措詞得當的示範，以輕鬆、像聊天般的語氣進行。也多留意他使用的中性語言：

新模式的銷售業務：「你知道嗎？現在很多企業因為廣告開銷增加、競爭者太多，以及廣告業不斷發生的各種改變，覺得做廣告越來越困難。我們的工作就是專門幫助這樣的公司，能以比較低的廣告成本，鎖定更有價值的客群，讓他們可以保留更多資金，而不是把錢浪費在效果不彰的廣告活動。」

在個人化的開場介紹之後，少不了問這樣的問題：

你是否也有同感，或者貴公司可能遇到這種情況？

或者要是覺得潛在客戶對你所說的事很感興趣，可以跳過那個問題，直接進入第一個情境問題，例如：

現在，我想該問一下貴公司做了什麼廣告來開發客源，來看看我能否幫上忙？

這是一個重要的新模式問題，它以我們的核心原則為基礎：當銷售業務讓客戶自己說服自己時，是最有說服力的。

以下是另一個版本，可以用在陳述問題和個人化開場介紹之後：

在我介紹我們是誰、專門做什麼等等無趣的事之前，如果可以稍微多了解貴公司，以及現在做哪些廣告，看看我們是否真的能幫上忙，也許會比較合適。例如：你們現在採用什麼形式的廣告來開發客源？

假設問完這個問題之後，對方變得很不耐煩，直接回問：**「你到底在賣什麼？」**你可以這樣回答：

喔，如果有冒犯之處，真的很抱歉。其實我不確定能否真的能幫到貴公司。如果我們互問幾個問題，再來看我們的服務是否能幫上忙，這樣可能會比較恰當。這樣好嗎？（或）**這樣合適嗎？**

多數人會說**「好呀」**或**「嗯，沒問題」**。接下來就要深入談情境問題。透過道歉，你可以緩解潛在客戶可能感覺到的銷售壓力。因為多數潛在客戶每天都會接到使用傳統銷售技巧的業務員來電，所以他們可能本能上會拿出防備、擺架子的態度來回應。

你偶爾會遇到對你不客氣又無禮的潛在客戶，這時候，你完全可以適時結束這場對話。

你在對話中已經表現得誠懇、熱情，最重要的是，也很有人情味，但如果潛在客戶對你這樣的態度不領情，你肯定沒有辦法幫上忙，頂多寄一本談禮節或脾氣控管的書給這個人。你可以說：「**抱歉，幫不上忙。**」然後就掛斷電話，繼續去找自己能幫上忙，而且接受你幫忙的對象。

注意這兩種方法的差異。傳統銷售法把焦點放在你這名銷售業務身上，而新模式則是聚焦於潛在客戶、他們的問題、問題成因，以及這些問題對他們造成什麼影響。

你覺得哪一種方法能讓潛在客戶感到更輕鬆自在：是一開始就直接推銷解決方案的傳統方法？還是關注潛在客戶和他們問題的新銷售模式？新模式的銷售業務要對傳統銷售業務喊：「看我的啦！」

根據對方與你分享過去經歷的多寡，判斷自己是否與他們打好關係，並進行有效的對話。你問的問題越高明，他們就越願意敞開心扉暢談。

傾聽和提出高明的問題，潛在客戶會跟你說一些他們從沒告訴過其他銷售業務的事情（當然，最好是與業務相關的事，不過你也要做好會聽到生活故事的心理準備，因爲對方眞的信任你的時候，有時會不經意透露這些）。你會了解到有關他們處境和問題的事實及感受，以及這些問題對他們個人或他們公司造成什麼影響。

接下來，你跟潛在客戶談時會抵達以下其中一個目的地：

・目的地一：他們沒有需求。

・目的地二：他們有需求，但並沒有真正想改變現狀的意願。

・目的地三：他們有需求，也真的想改變現狀。

可想而知，我們都希望抵達目的地三，但你會根據提問所得到的答案來抵達其中一個目的地。切記，客戶給你的答案就是你的ＧＰＳ導航。跟著這些答案就能到達目的地，也就是成功銷售。不要偏移路徑——根據對方已經告訴你的訊息，你提出了釐清性、深入挖掘的問題，接著他們給的答案，是你在判斷能否成交時可以即時得出結論的關鍵。

全面了解潛在客戶後，你會比以往更快、更容易安排約談、獲取更多承諾，並達成更多筆交易。

指導高階主管演說的教練派翠西亞・菲雷普（Patricia Fripp）說得好：「記住你，不是客戶的職責。是你有義務和責任一定要讓他們沒有機會忘記你。」

怎麼才能得到對方推薦

沒問就得不到，所以如果有些陌生電銷似乎沒有進展，不妨請對方推薦。當你開始實行新模式時，到最後打陌生電銷的次數會越來越少，反倒是別人轉介而來的人占比拉高。一旦正確提問，比起隨機找來的陌生人，受推薦人選更容易接受推銷。

以下是開啓對話的方法：

新模式的銷售業務：「我很榮幸有機會幫助你。能不能請問你覺得我在哪方面帶給你最大的幫助？」

爲什麼我們要這麼問？因爲他們會自己告訴自己：「你是如何幫助他們的」……然後當他們這麼說的時候，也會這麼感覺。

新模式的銷售業務：「既然如此，你認識哪些人可能有……的困擾？」

然後——燈愣！插入你爲他們解決的問題。舉個例子，假設你賣的是收單處理（merchant processing）：

新模式的銷售業務：「既然如此，你認識哪些人可能也遇到收單處理收費過高的困擾？」

一旦對方推薦了朋友或業務夥伴，新模式的銷售業務會接著問更多相關資訊。請注意這裡的提問方式——更準確地說，是使用的語氣。

新模式的銷售業務：「能不能請你多介紹一下這個人，還有說說為什麼會覺得我能幫上他？」

爲什麼要讓對方多介紹一下呢？這又回歸到在聯絡之前先了解對方資訊這個原則。不過，我們也希望他們對此有更強的認同感，覺得這是自己的責任。這麼一來，他們更有可能願意聯絡這個人，並幫你美言幾句。

新模式的銷售業務：「那麼，你認為最好如何聯繫對方？你覺得你該先向對方傳達我會打電話過去嗎？」

爲什麼要這樣問？因爲我們希望推薦人去聯絡對方。這樣的效果會更強。他們聯絡對方並說：「我把自己覺得或許能幫到忙的人介紹給你」，這樣一來，你更可能聯繫到對方，並讓對方成爲潛在客戶。

新模式的銷售業務：「你覺得到時要說什麼好？」

雖然這聽起來有點唐突，但想想爲什麼你會想知道他們會跟對方說什麼話。首先，你希望避免他們說出會引發銷售阻力的話——太過技術性、不準確或讓人覺得怪異的內容。關鍵在於你必須事先做好引導。所以，可以提出建議，幫助他們用適當的用詞來傳達正確的訊息。

新模式的銷售業務：「我能給一些建議嗎？假如自己談談你遇過的困境，以及他現在面對的類似問題，還有我們如何幫助你解決這些挑戰，這樣是不是更能幫到他？」

他們通常會覺得這是個好主意。

新模式的銷售業務：「除了X以外，還有誰是你覺得我能幫上忙的？」

你要多注意的是，這句話用了**「你覺得我能幫上忙的」**。首先，這樣的表達是圍繞在對方和對方的感受爲出發點。其次，如果你表現出想幫助人的意圖，對方會比較願意推薦別人給你。

好，你得到第一個受推薦人選了，現在來看看如何打第一通電話。

首先，我們迅速看一下多數銷售業務在打給受推薦人時會說什麼：

一般般的銷售業務：「嘿，瑪莉，我是XYZ的約翰・史密斯。艾咪讓我打電話給妳，她說妳對我們公司的服務會感興趣。她說你想讓事業更上層樓。現在能不能耽誤妳兩分鐘時間？可以談談我們公司如何助妳達成期望的成果？」

注意看這個問題的焦點——對的，是銷售業務和他的解決方案，而不是潛在客戶。這是第一個毛病。第二個毛病是假設得到轉介就表示對方必定有興趣。別心急。這名銷售業務已經為自己的失敗埋下伏筆了。

但後頭還有更糟的。你看：

潛在客戶：「好，現在可以。」

一般般的銷售業務：「那太好了，我知道你會很期待我們公司今天提供的服務。我們XYZ公司已經營運十年，幫助超過四千家企業獲取成功。現在，我來跟你說說我們能做哪些事來幫你得到期望成果，然後你最後對於是否與我們合作，可以做出資訊充足、深思熟慮後的決定。」

當你一開始先用上**「推進成交」**的招數，再用推銷話術向對方說明你能做到的事，然後告訴他們可以做出**資訊充足**、**深思熟慮後的決定**時，這樣會讓對方覺得快要窒息。他們會覺得壓力越來越大，想趕快脫身。

如果你還在講「做出資訊充足、深思熟慮後的決定」，快點刪掉、丟掉、燒掉或甩掉。（捐給字庫也行。）這個講法已經派不上用場了。爲什麼銷售業務老是愛用這招？這好比是想在特斯拉汽車上找油箱一樣。

現在來看看新模式的銷售業務怎樣打動對方：

新模式的銷售業務：「嗨，請問是約翰嗎？我是傑洛米・邁納啦。我們共同的朋友（或你的業務夥伴）艾咪建議我打電話給你，因為我最近幫助她處理X情況造成的Y問題，她跟我說你可能也遇到同樣的挑戰。現在方便談談嗎？」

請留意，在這段話中，銷售人員將重點擺在解決問題。這是最好的電銷方式。

現在，如果受推薦人想進一步談，你該怎麼做？以下是開啓對話的方法：

新模式的銷售業務：「約翰，很高興跟你談，我們現在開始吧。為了避免重複你已經跟艾咪講過的事，也許可以先說說和她討論過之後，**你有什麼想法**，然後再談**你希望討論的重點**，這樣我們可以**把焦點放在你身上**，以及你**可能**尋求的成果，好嗎？」

轟！新模式的銷售業務剛剛引出了一個非常強大的詞——「**可能**」，一個極其中性但又極具威力的詞！

留下對方會回電的語音訊息

沒錯，我們知道大多數人會把語音訊息留很久，結果讓語音信箱爆掉，有些訊息甚至可以追溯到卡戴珊家族才開始走紅的年代。不過有時候你確實還是必須留言給對方，而且對方眞的會去聽。多數使用舊方法的銷售業務認爲，留語音訊息行不通。不過，如果方法對了，有效的語音訊息能讓你在業界脫穎而出。

由於傳統的銷售技巧，多數銷售業務因此很畏懼打電話聯絡潛在客戶，就像他們害怕被接待員爲難一樣。因此，銷售業務往往會選擇留語音訊息，然後就可以繼續聯絡名單上的下一位潛在客戶。

我們會留語音訊息，是因爲想**「閃避」**被人**「拒絕」**的感受。不再去與接待員打交道，是要閃避他們的爲難和拒絕。大多數銷售業務會玩拚數量的遊戲。打一大堆電話，只是爲了讓自己覺得已經很賣力工作了。

切記，我們一開始就只關注於是否有銷售的機會，並不是只在乎成交。我們必須抽離對成交的期望。

不過假如你留的語音訊息能引起對方注意，讓他們眞的回電呢?!這種留言不像傳統語音訊息——你像念經一樣簡短講出推銷話術，結果對方沒聽完就把它刪了。我們的留言訊息像這樣：

嗨，艾力克斯，我是史蒂芬妮．史密斯啦……我在想能請你幫個忙嗎？

我不確定你是不是我要找的對象，不過我正在找負責處理〔請提出你強力的問題陳述〕的人，看看貴公司是否有任何部門可能因為承包商收費過高而造成營收損失。

如果你對這有同感，或者貴公司遇到這種情況，歡迎回電。我的號碼是五七三—五七八—九八七二，如果你想聯繫我，我今天應該有一點時間。

或者是：

嗨，洛曼先生，我是史蒂芬妮・史密斯。我不確定你是不是我要找的對象，但我打過來是想知道貴公司是否願意了解一下，目前正在進行或已經進行的離線行銷中有沒有遇到什麼隱藏的漏洞，讓你們每個月的廣告開銷過高？萬一貴公司似乎遇到這個問題，歡迎回電到五七三—五七八—九八七二。我今天應該會有一點時間。

通話時，我可能會針對貴公司目前的廣告提幾個問題，比如你們怎樣開發客群，好讓我們判斷是否能幫上忙。

我們有可能幫不上忙，萬一是這樣，我們可以節省時間，直接結束通話。或者我可以轉介給更能幫你處理現況的人。再重複一次我的電話號碼：五七三—五七八—九八七二，我今天應該會有一點時間。到時再聊！

這樣的語音訊息能奏效。爲什麼？因爲用詞製造一種緊迫感，顯示你有其他選項，而且你也要忙，不是整天都在等對方回電。

以下提供另一種情境。假設你要推銷加盟業務，而且有一個網站是讓人可以留下姓名、電子信箱和電話號碼，供你回覆。以下是語音留言的方式，可以用很輕鬆的語調這樣說：

嗨，瑪莉，妳兩小時前在我們的線上廣告頁留資料，詢問關於可能開創自己加盟業務的事。妳在網站上應該有看到敝公司的ＸＹＺ標誌。我打電話來看看能否幫上忙。我的電話號碼是五七三—五七八—九八七二，如果想聯繫我，我今天應該能撥點時間談談。到時再聊喔！

我們來分析這通語音訊息：它盡可能具體地提醒對方，他們爲了尋求你們提供的加盟服務，在你們的廣告頁上留資料。因爲他們可能在同一天也對其他幾則廣告做出回應。

對方也許很忙、難以專心，也可能完全忘記留過資料，尤其留言時間超過一天。記住，他們可能也會收到其他推銷的電話，所以在接聽你電話時自然會提高戒心，就算對你推的東西非常有興趣。

清楚交代他們留言的內容。此例中你推的是加盟業務，所以要提到他們留資料詢問關於「可能」開創自己加盟業務的事。用「可能」一詞來減少通話中的銷售壓力。

現在，我們已經成功通過守門員的關卡，可以預備好凱旋奏樂，但要慶祝，還太早了。現在是以客戶爲中心的時候了。

第四章

以客戶為中心

人買的不是股票，而是能信任的人，
或是他們認為可信的人。
——阿貝．卡拉茲，電影《塔克：其人其夢》

我就直說了，大家覺得許多銷售業務比加油站商店賣的壽司還要差上好幾級。最常拿來形容他們的詞彙包含咄咄逼人、油嘴滑舌、操縱、詐騙、狡猾和低級沒品。唉唷，還眞苛刻。想到典型銷售業務就讓很多消費者有些反感。爲什麼呢？

主要是因爲他們遇到了效果不彰的銷售業務，當然也因爲銷售業務的溝通方式（或自認爲應該要那樣溝通）。傳統推銷技巧一使出來，今日的消費者就避之唯恐不及。銷售阻力出現的速度，比起美國傳奇賽馬「祕書處」在一九七三年創下的紀錄還快（一分五十九秒）。

集客式行銷服務平台HubSpot的調查報告指出：「只有三％的人認爲銷售業務值得

信賴。」①噢嗚，在商界被視爲像加油站商店的生魚片壽司套餐一樣負面，眞是令人難過，我們這些銷售業務需要自我檢討來解決這個問題。

你爲什麼要當銷售業務？你在銷售業的目標是什麼？爲什麼要選這一行？是爲了錢？工作時間彈性？還是因爲你特別擅長侃侃而談？當然，顧自己很重要，但如果你把焦點全放自己身上，在這一行是撐不久的。如果你將焦點放在客戶身上，那你做生意或從事銷售不是爲了自己，而是爲了他人。

你體驗過快速約會嗎？你坐在擺了很多桌子的地方，必須在很短的時間內給對方留下深刻印象，然後就換下一位。有點像是二手車拍賣會，只是這裡被拍賣的二手車就是你，而你拚命要在一堆破車中當自己是勞斯萊斯，脫穎而出。推銷很像是快速約會，你沒有幾年的時間來建立關係。有時候，對你的印象在幾秒鐘內產生，如果沒做對，就會讓人覺得你也是半斤八兩的「B咖」。

假設你很想讓人有興趣跟你約會，但你光談自己的事與你能提供的東西，焦點全在自己身上，以及你想要對方答應做生意的企圖上，而不去聆聽他們說的任何話，或者沒有去了解對方，你覺得結果會怎樣？下場就是獨自一個人看Netflix、取暖、開趴。

我們已經目睹太多次類似的情節發生，這就像票房毒藥《絕配殺手》一樣爛，簡直是災難級別的，但不同的是，我們無法按下停止鍵，只能眼睜睜看著它發生。這些訓練不足的銷售業務難以抹除他們給人留下的可怕第一印象，因爲已經烙印在潛在客戶的腦海裡了。這些「銷售災星」只關注自己，而不是客戶，而客戶其實早就已經在心裡把他們打個叉叉了。

說到約會和銷售，真正的高招是懂得退後一步，並學會如何**與人**交流，而不是**對著人**單向說話。那些在自己領域中最有影響力的人，是會「**研究**」自己夥伴、花時間了解對方、對別人展現出來的關注與好奇是眞心的，而不是自掃門前雪、自吹自擂的吹牛大王。你不是來這裡讚美自己的，這種事留到健身的時候再說吧。你是爲了潛在客戶而來，千萬別忘記這一點。

做銷售這一行，目的是要找出問題，並幫人解決「**他們**」的問題。問問自己：「我的服務或產品是否眞的能解決潛在客戶的問題？」在此改編一下甘迺迪的名言：不要問客戶能爲你做什麼，而是要問你能爲客戶做什麼。

① Aja Frost, "Only 3% of People Think Salespeople Possess This Crucial Character Trait," HubSpot, April 16, 2016, https://blog.hubspot.com/sales/salespeople-perception-problem.

與潛在客戶互動的開場應該是什麼樣子？你會像拍賣官一樣，自我介紹完之後隨即開始談自己的公司、產品和解決方案嗎？希望不要。時機很重要。如果你在第一次約喝咖啡就提議結婚，那你每次就只能在星巴克落單了，因爲對方都嚇跑啦。

如果你在交談中過早進入賣家模式，焦點就會轉移到自己，而不是客戶身上。你猜會發生什麼事呢？絕對什麼事都不會發生。你很可能會引發銷售阻力，然後很快就讓對方產生反對意見。這時你就得花精力一一駁回這些反對意見，像卡通人物一樣拚命追著對方，試圖促成交易，而一開始其實是你觸發了潛在客戶的這種行爲。

潛在客戶握有促成交易所需的答案，你要做的就只是問對的問題，而不是大談你上星期幫了多少人，或者你的產品比其他廠牌厲害多少。以客戶爲中心的最好方法，就是遵循這句話的簡單道理：「要推銷張三、李四會想買的東西，就必須依照張三、李四的視角看世界」。如果不去了解張三、李四在想什麼，就無法透過他們的視角看世界，而這種銷售時的目光短淺，也不是動雷射手術就能治的。但我們的建議可以，敬請繼續讀下去。

如果你目前只關注對自己有利的事情，是該升級作業系統，把焦點轉移到如何幫助潛在客戶了。你可以做的第一件事，就是放下賺佣金或季度獎金的心態，不要把業續看得比人還重要。我當然知道你也要謀生。放心，這樣做，你依然能顧到生計。只要記住：這不是一場拚數量的遊戲！不能把對方當成是額頭上寫著金錢符號的人，除非他們還眞的有這個符號，因爲現在這時代，誰也不知道大家會在臉上弄什麼刺青。好啦，說笑歸說笑，重點在於：**他們是人，不是鈔票**。

要當問題發現者、問題解決者，並聚焦於潛在客戶，幫助他們察覺問題的嚴重性，進而看看你提供的服務能否帶來幫助。重點是要找出有什麼在阻礙他們無法達成願望，以及你如何爲他們補救。在銷售界，你要像攻頂喜馬拉雅山的嚮導雪巴人一樣，引導潛在客戶認清自己的現況與期望狀態的差距。幫助他們展望一旦採用你提供的解決方案排除了自己的問題後，會實現什麼樣的目標。爲他們帶來那種「原來是這樣啊！」或「我找到答案了！」的瞬間吧！

在新模式下，互動階段占了銷售的八五%。在這個過程中，你和潛在客戶不斷挖掘問題、問題的成因，以及這些問題帶來的影響，這樣就能判斷你的解決方案是否能幫上忙。這時，你們雙方都會經歷那種豁然開朗的時刻。如果潛在客戶清楚知道自己的問題是什麼，無論是他們想要買一部新電腦，還是來一趟五天的郵輪旅行，那他們不需要透過你，就可以自己找資訊來做決策。

當你的潛在客戶對自己眞正的問題有誤解、困惑或毫無頭緒時，銷售業務帶來的服務就更有價值。在這種情況下，說服他人的能力不在於**「解決」**問題，而是**「找出」**問題。這不是在玩「大家來找碴」的眼力考驗遊戲，要找出這些問題的難度沒有你想像的高。

很少有銷售業務知道該怎麼做的事：放下操控

要發現和解決潛在客戶的問題，你必須做一件世界上很少有銷售業務知道該怎麼做的事：聽好囉——**你必須放下操控**。辦得到嗎？可以的喔！把自己抽離銷售成果。放下成果，使用以客戶爲中心的正確方法，你的業績和收入必定會增加。抽離對成交的期望，改換成先判斷是否有銷售機會，進而讓自己能以客戶爲中心。這一切都從交談開始，藉由交談了解客戶的觀點，這樣我們才能從人的角度將心比心，而不是將他們視爲另一個交易對象。

傑瑞在《不推銷反而大賣》一書中，回想他想換一輛更大車子時的經歷。他是忠實的 Infiniti 客戶，但決定去看看 BMW。他考慮的那輛 BMW 比 Infiniti 貴了兩萬美元。當業務問他一些直觀的重點問題後，馬上就知道這輛車不適合傑瑞，因爲傑瑞說他只是要拿來當代步工具用，並不是爲了駕駛體驗。這名業務員說：「艾卡夫先生，這樣的話，你買這輛車不划算。你應該選 Infiniti。Infiniti 是輛很棒的車……BMW 的重點在於開車的感覺。既然沒有很愛開車，如果我是你，就不會花這個錢來買。」

等等，蛤？蛤？蛤？蛤？沒錯，眞的有這種事。傑瑞最後選了 Infiniti，但他對這名業務的誠實和巧妙的提問技巧留下了深刻印象，他承認這個人「爲日後的交易鋪了路」。這眞是建立信任的好典範！

把自己從對成果的期望中抽離出來，自然就會有更開放的心去感受和聽取潛在客戶的問題，並判斷自己能否幫上忙。這也讓你更能發揮創意想出幫他們解決問題的方法。放下操控，讓自己抽離銷售，並將自己定位爲專家。這麼做時，潛在客戶會開始認爲你是值得信賴的權威，而不是又一個虛情假意的銷售業務，想要推銷對方根本不想要的東西。

就算沒有交易的機會，你還是能像那名 BMW 業務一樣，大大方方地退出。你可以帶著淡定的心態結束對話。如果眞心相信我們傳授的理念，你就會對拒絕不屬於自己的生意毫不猶豫，而且心安理得。

像BMW那位優秀業務選擇對的事來做。但要怎樣知道是不是對的事？如果沒能從客戶身上獲取對的資訊，或者無法取得客戶的信任，那你就不知道對的事情是什麼。優秀的銷售業務會帶動對話，找出潛在買家面對的問題或挑戰。我們正確構思與實行這段交談時，就能創造以有意義的方式解決對方問題的最佳機會。這也會帶來好業績。所以繼續依循這種做法吧。

你是帶領買家走向探索之路的人，要幫助他們知道自己眞正的問題，以及問題的根源究竟是什麼。你像是一輛車的駕駛（但願這輛車還是在BMW那位高明業務員協助下買到的），可以帶著對方到你希望他們去的地方，因爲你掌握了自己要提出的問題，不過買家應該要感覺到是他們自己在主導決定，因爲他們的確就是決策者。

這就是重要的區別。對方不會感覺你想越界，或者占他們便宜。你讓他們覺得你是來幫忙的，事實確實也是這樣。你幫助他們從一個地方去到另一個目的地。你是要當Lyft平台，還是Uber平台的駕駛，取決於在尖峰時段哪一家的價格更優惠。你要挑戰潛在客戶，但又不會降低他們的地位。你要挑戰他們的思維方式，但方法不是直指他們錯了，而是提出問題，讓他們意識到「啊！我眞的錯了」，或者認清彼此只是思維模式不同，並得到啓發。後文會更深入探討這一點。

看到當中的差異了嗎？學會如何讓潛在客戶追著你跑，而不是你去緊追對方，這時候做銷售就容易許多。你幫助他們更有自覺。你確實幫了忙，那麼銷售的善因，就會幫你從所有的善意中得到善果。

不帶成見，讓客戶自己說出看法

你相當有主見，是啊。人人都是如此。但想在這行成功，就必須把你的成見留在家裡，和你好穿的居家瑜伽褲擺在一起。從不帶成見的觀點出發，將重心放在是否真的能幫上忙，對方也會有正面反應，並開啓心扉，因爲他們覺得你是誠心誠意的。

想消除成見，可以透過建立寶貴的業務關係，在這種關係中，他們信任你，是因爲見識到了你始終如一、持續又可預測的行動。或者你使用的銷售方法，必須是能解除他們對銷售的抗拒，因爲你不只知道要說什麼，還知道要用什麼方法說、如何引導對話，而且避免讓對話生硬，猶如從迪士尼人氣遊樂設施改編、由艾蜜莉・布朗特和巨石強森主演的《叢林奇航》一樣，CGI特效場景不自然，而是流暢到讓潛在客戶始終覺得自己能掌控情況。每次在買賣的情境下，只要客戶覺得是銷售業務在操控對話時，成功的機率就會非常渺茫。

影響力教父羅伯特・席爾迪尼，是亞歷桑那州立大學心理學與行銷學榮譽講座教授，他在著作《影響力》中說：「每次說自己產品的壞話，你的可信度就會增加。」這項道理至今未變。看到你不帶成見的態度，潛在客戶會明白你眞誠的本意——那就是確認自己是否眞的能幫助他們。或許幫不上忙，但他們感受到你的誠意時，就會更敞開心扉考慮你的提案，而這樣的開放心態是無價的。

買家永遠是決策者。他們會依據對你說的話的信任程度來做決策。傑瑞相信，潛在客戶說的話遠比銷售業務說的更重要。從這點來看，他認為，與其滔滔不絕講一堆資料，我們在分享資料後，更應該後續追問客戶對這些資訊的看法，以及對他們的情況帶來什麼好處。

由我們來**「告訴」**他們這些資訊的含意時，他們或許會產生懷疑，也可能開始神遊去想午餐，而不是聽你講那堆資訊，除非你問到正中對方下懷的問題，引起他們興趣，並與你交流。

舉例來說，如果他們說「**喔，這樣表示可以替我們省錢**」，這遠比我們告訴他們「我們眞的能幫你省錢喔」，效果更強。

事實上，由我們說出口，他們往往會懷疑。但由對方自己說出口，他們就會相信這個觀點是眞的。我們親眼見識過這種事。

有人向傑瑞請教時，花了十五分鐘談論傑瑞以前的一位客戶。這位客戶原本都是向傑瑞購買產品，但後來選擇與他的競爭對手簽了約。那家競爭對手的公司規模不小，辦公室裡有十七名員工，每一位都有可能負責決策。不過，眞正握有決策大權的人是老闆娘。

所以，向傑瑞請教的人問：「我該如何賣東西給這群人呢？」傑瑞還來不及回覆，這個人就說他的策略是繞過老闆娘，去跟他以前關係要好的員工套交情。他問傑瑞對這個方式的看法，不過從臉上表情看也知道，傑瑞不是很認同。

傑瑞打斷他說：「我把話講白一點。你完全沒有機會說服那個老闆娘改變主意。你這樣做，只會惹惱那個公司絕大多數的人，甚至包含那些本來爲你出頭的人。我的建議就是：不要再去找他們了。他們不買就是不買。去其他地方做生意吧。」

銷售人員犯的一大錯誤，甚至是**最天大**的錯誤，就是找錯了人。你看過多少次「新手機，你誰啊？」②的回應，然後才發現根本找錯對象？舊模式搞得好像是「人人」都需要你的產品，但事實並不然。如果你的聯絡對象是絕對不會買的人，你就絕對賣不出東西。如果有銷售的機會，那就繼續談下去。

新銷售模式所做的，是讓客戶說出他們的想法、信念，以及他們認為該做的事情。如果他們的需求和你提供的服務或產品相吻合，那你甚至不用特別去推銷，他們自然會買。

無論你做什麼，說話的方式都不能讓人覺得你有成見，或是暗藏企圖。一旦感受或察覺到我們有成見時，對方通常就不願意分享資訊給我們。他們也希望有人懂，這就是為什麼新銷售模式這麼強大的原因。不帶成見與理解他人，這兩個攸關人際溝通的重要事實，是深植於新銷售模式的核心本質。如果對方想跟像木頭人一樣的對象買東西，他們可以去自動販賣機、亞馬遜，或者到得來速櫃台，向那個你再怎麼努力耍寶，他都不會笑的店員購買。

面對買家的ＥＱ

根據《心理學字典》的定義，情緒商數（Emotional Intelligence Quotient，簡稱ＥＱ或ＥＩ）是指「可感知、使用、理解、管理和應對情緒的能力。ＥＱ高的人可以認清自己和他人的情緒、使用情緒的訊息來引導思考和行爲、辨別不同感受並爲情緒正確命名，以及調整情緒來適應環境」。

聽起來很深奧，確實是這樣。雖然高ＥＱ者並不像高智商的人有門薩組織，但大多數頂尖銷售業務都有這項重要特質。在銷售中，ＥＱ與自我覺察的重要性不可小覷。事實上，與客戶往來時，這是必備條件。

ＥＱ低的人有一些明顯的特徵，你也一定很熟悉這種人：認爲自己永遠是對的、對他人感受一無所知且不關心、敏感度低、將自己的問題怪罪到別人頭上、應對技巧差，以及動不動就情緒失控。如果聽起來很像是你的前任，那好在他們已經變成前任

②編注：「New phone, who dis?」原本是指換了新手機，通訊錄號碼全不見了，所以有人來電或傳來簡訊時，不知道對方是誰，就會用這一句話。後來也用於當有人提問題，你不想回答時，意思就是「我不想回答你，也不想認識你」。

了。低EQ在銷售中也走不長久。

如同前文所說，多數的購買決策不是完全出於邏輯。買家和賣家最終依賴的還是能觸動情感的誘因。銷售業務越了解在銷售互動中投入的情緒，就越有機會成交。

雖然理性因素（例如：定價和功能）會影響購買決策，但情緒仍然扮演重要角色。EQ可以幫你覺察到自己的情緒狀態，進而能控制自己的情緒。情緒不只是表情符號。而是工具，應該在必要時使用，而且在必要時也該好好控管。美劇《人生如戲》，英文劇名叫「Curb Your Enthusiasm」（抑制你的熱情），諷刺意味濃厚，相對於劇中主角拉里．大衛的冷感，你一定要反其道而行，抑制冷漠、焦慮、急躁、貪心等等令人不太舒服的情緒，否則會抹煞你成功銷售的機會。

高EQ的銷售業務有耐心，不會給潛在客戶下決策的壓力。這讓他們就算知道需要花費一些時間才能簽到合約，也仍然可以充滿活力地與客戶往來。他們能輕易判別出客戶的情緒狀態，並且調整自己的情緒來配合。

擁有成熟EQ的銷售業務知道，如何微調簡報方式才能觸動對的情感誘因。高EQ的銷售業務即使頻頻遭拒，也依然能維持正面態度。他們不會把拒絕當成是對自己個人的否定，也會避免累積負面的情緒。

已故的商業巨擘傑克・威爾許曾說：「ＥＱ比書本教出來的聰明更希罕，是無庸置疑的。不過根據我的經驗，它對於造就一個領導者其實更加重要。ＥＱ不容小覷。」

別再吸一廂情願鴉片了

比起施壓要人購買，還有一個更好的方式。你了解我們傳授的提問流程後，就能跳脫與客戶的角力關係，由他們主動拉近你。因爲你表現出以客戶爲中心，所以他們會對你完全改觀。你能在對的時間、提對的問題，但萬一不了解自己聲音的力量，仍然會遇到阻力。但在開始正式談如何使用這項超能力之前，我們要先確保自己的銷售簡報不是停留在過時、單調、欠缺深度的版本。

如你所知，一場簡報是預備好（也就是排練過）的演說或ＰＰＴ簡報，銷售業務要想方設法吸引潛在客戶的注意力，並利用一些外在動機的技巧讓他們採取行動，例如：害怕損失、擔心錯過、貪婪、罪惡感，甚至是嫉妒心等。

在典型的銷售簡報中，你向潛在客戶講述自己的故事，一副他們應該關心的樣子，但你猜最後結果呢？他們其實不關心。你是在對一個空蕩蕩的體育場講著推銷話術，因爲你的預設已經給他們帶來了壓力，更何況科學也說這種做法沒什麼說服力。但不需要拿科學博士學位，也能明白這是行不通的。

你對著潛在客戶簡報或陳述關於**「你的」**產品或服務時，沒有先確定**「他們」**的問題是什麼、這些問題的根本成因，以及最重要的，這些問題對他們造成什麼影響，你等於是讓潛在客戶感到緊繃和銷售壓力。這時候你已經可以向這筆交易告別了。

在簡報中，一開頭就先講「你自己」和「你」的想法，最後只能**期望**自己的某句話能引發潛在客戶的興趣，讓他們對你的產品感到興奮，這樣的簡報就跟班珍戀頻繁出現在狗仔隊鏡頭前一樣。我們把這叫做「一廂情願鴉片」，很多銷售業務對此欲罷不能，一直希望自己說的話能促成交易。下次當你又忍不住想這樣做時，千萬要打住。萬萬不可以。好孩子不能吸食這種**「一廂情願鴉片」**喔！

良好的簡報是銷售的關鍵，但在我們的新模式系統中，它只占整個流程的一〇%。我們這套系統的核心是要精準了解你的潛在客戶想要什麼、爲什麼想要，以及這讓他們有什麼感受。要了解這些，只能仰賴你向他們提出的問題，不過在學習提問之前，先來探索一下你的聲音蘊含的超能力。

第五章

用自己的聲音施展力量

人類的聲音：這是你我都會演奏的樂器。也許，它是世上最有力量的聲音。它是唯一可以發動戰爭，也能講出「我愛你」的聲音。然而，很多人都有的經歷是：說話時，對方聽不進去。

——朱利安・崔久（Julian Treasure），聲音與溝通表達專家

你的話太多了。身爲銷售業務，你可能不只一次聽到旁人這麼說過。不過，我們稍微換個說法吧：沒錯，你很少詞窮，不過更棒的是，你非常清楚知道如何用最高效的方式與人溝通。

憑你的聲音，或許拿不到葛萊美獎，不過它是與他人建立關係的關鍵。如果能明智與恰當地運用，聲音可以成爲你最強大的資產。當運用不當時，就會把人趕跑。但我們說的，可不是你在浴室飆歌〈天堂之梯〉趕跑人的情況喔。

那麼，如何將聲音的力量發揮到極致呢？根據作家和前FBI人質談判家克里斯・佛斯所說：「光是你的聲音就可以是一門了不起的藝術。大家最常犯的一個錯誤是：用堅

決又強勢的語氣來傳達訊息。要改換成『輕鬆愉快的語氣』。」不過先等等，我們講的不是模仿《芝麻街》的艾蒙講話。

FBI談判家把這稱「協調者的聲音」，也就是用討人喜歡、有魅力和放鬆的說話風格，不過仍傳達實話。喔，雖然我們剛引用了人質談判家的話，但大概不需要特別告訴你：絕對、絕對不要讓你推銷的潛在客戶感覺像是被挾持了，除非你要推銷的是密室逃脫體驗，或是某款陰險的新 Xbox 遊戲啦。

說話停頓，效果勝過任何用字遣詞

在仔細考慮如何說話和運用聲音時，你可以只靠語氣和抑揚頓挫來傳達出自己的好奇心、配合意願和興趣，而不是透過用字遣詞。這樣一來，你會讓潛在客戶覺得安心，他們也會更願意聽你說話。

當你講話沒有停頓，並用了無意義的填充詞來維持說話不中斷的時候，訊息很容易令人一頭霧水。潛在客戶又不能像打開字幕那樣聽懂你在說什麼。學會放慢語速，在說話時適時吸氣並加入停頓，如此一來，你就能成爲銷售界的芭芭拉·史翠珊或法蘭克·辛納屈[1]（好啦，也許是跟著他們的卡拉ＯＫ伴唱來唱歌，你很厲害，總之，你懂那個意思），這樣會讓人願意聆聽。說話停頓，是說服技巧中的一招妙棋。馬克·吐溫說過：「正確的用字遣詞可能有效，但任何用字遣詞永遠都比不上拿捏得當的停頓來得有效果。」

說話時的提示，讓對方感受到你在聆聽

再來就是說話時的提示。你可以把這些提示想成是披薩上撒的辣椒粉，偶爾在交談中灑上一些，讓對方知道你投入、沒有分心與注意聆聽：

[1]編注：美國傳奇演員和歌手芭芭拉·史翠珊，擅長用聲音的變化和停頓來傳遞情感，使她的演唱具有深刻的感染力。美國樂壇超級跨世巨星法蘭克·辛納屈，擁有「The Voice」的稱號，非常善於運用絕妙的抑揚頓挫和音調控制，傳達出歌詞的意境和情感。

・沒有錯！

・請再多說一點……

・嗯哼。

・噢，我懂了。

・嗯……

・是這樣嗎？

你還可以使用肢體語言來溝通。一開始，你可能會覺得有點誇張，也不希望搞得像《歡樂單身派對》裡的克萊默那樣肢體動作古怪，但如果能留意自己的姿勢、有目的地運用臉部表情，以及利用其他非語言的提示（比如在對方說話時點點頭），可以發揮很大的作用，讓客戶感受到你眞的在聆聽。

以電話交談時，情況稍微不同，不過在如今用 Zoom 開視訊會議盛行的新時代，這些技巧其實差別不大，即便不是面對面交流，也別忘了實行這些概念。這也會影響你的聲音調性。如果你在視訊通話中，整個人靜止不動，猶如在上瑜伽課，甚至像個被供在博物館展廳的埃及木乃伊，那你的聲音聽起來會像是……呃，屍體、機器人，或者（吸一口氣）電話銷售員。因此，在對方講話時記得點點頭，還要動動手臂和手掌，就像對方就在現場看著你一樣，因爲這都會影響你在通話中呈現給對方的感覺。

調整聲音調性，促進更有信任感的連結

當人處於正向心態時，思維會更敏捷，也更可能願意合作與解決問題。正向心態能讓交談中的雙方都心思靈敏。要將聲音的語調往下壓，保持冷靜與緩慢。這不是那種有人大喊著：「星期天！星期天！星期天！」預告直線賽車比賽的電台廣告，讓你伸手去按靜音鍵，甚至想去配助聽器。

你在用詞上最好採用自然與中性的聲音調性，這樣可以促進更有信任感的連結。你希望給人的印象是更像一個「人」，而不是像個推銷員，對吧？使用冷靜、放鬆的語調，但又不能平靜到像在禪修，因爲你可不希望潛在客戶開始吟誦「唵」的聲音，還做瑜伽的下犬式吧！放慢語速，在聲音中帶入同理心，並讓對方知道你爲他們著想，

而不是爲了自己。然後大家手拉手，唱幾句美國黑人靈歌〈歡聚一堂〉。開玩笑的，但你知道我們想講什麼吧？

起初要放慢語速可能不容易。不過，學習放慢語速、運用停頓與調整語調，以一種和其他銷售業務截然不同的方式說話，絕對是值得的。反過來說，如果你聽起來像是照本宣科、機械式地讀稿，你覺得潛在客戶會不會發現？當然會察覺啊！或者他們也可能沒空發現，因爲已經在你那催眠般的推銷詞中睡著了。

神祕感、意外感、好奇心，吸引注意力

意外感會**吸引**人的注意力，神祕感和好奇心則能**維持**人的注意力。奇普・希思與丹・希思在著作《黏力，把你有價值的想法，讓人一輩子記住！》中說：「想吸引別人注意力的最基本做法就是：打破規律。」想打破規律，就要出其不意。跳脫框架思考，但是花招請留給實境秀節目《經紀激戰錄》（*Million Dollar Listing*）裡的男男女女就好。

希思兄弟也在上述著作中探討了羅伯特・席爾迪尼——亞利桑那州立大學心理學與行銷學榮譽教授、《影響力》作者。他們談到席爾迪尼如何維持學生的注意力。如果把「學生」替換成你的「銷售潛在客戶」，情境會很類似。席爾迪尼蒐集了科學主題的文章並發現，最能引起學生興趣的文章，讀起來就像美劇《CSI犯罪現場》的其中一集。每篇文章都以一個問題開頭，然後像警察辦案一樣展開。神祕感的效果很強，因爲它會激發人想揭開謎底的需求。大家想要答案。意外感固然能吸引人的注意力，但有神祕感才能維持下去。然後還要加上那個永不厭足的好奇心。人類天生好奇。

卡內基美隆大學的行爲經濟學家喬治・羅文斯坦表示，當人注意到自己知識上的缺口時，好奇心就會出現。②這些缺口就像裂開的傷口，會引發疼痛，或者猶如需要抓一抓的癢處。解決這個不舒服的方式就是填補缺口。每個缺口並非一模一樣。想想你看過的大爛片（二〇一八年約翰・屈伏塔出演的《紐約教父》是首選），你堅持一路看到片尾，不是因爲你是受虐狂，而是因爲仍然想知道後面的劇情。

---

② George Loewenstein, "The Psychology of Curiosity: A Review and Reinterpretation.," *Psychological Bulletin* 116, no. 1 (1994): 75–98, https://doi.org/10.1037/0033-2909.116.1.75.

好奇心是一種對解答問題、填補認知空白的智識需求。關鍵在於表達你的想法時，先製造出知識上的缺口，再逐步填補缺口；一般都傾向先給出事實。新聞很擅長運用激發好奇心這一招：「新聞快報！有種新毒品正在青少年族群中蔓延——它可能就在你家的藥櫃裡！廣告之後繼續爲你揭曉。」

大多數人會忍耐地看完廣告，只爲了確認他們指的是什麼毒品。網路上那些討厭的騙取點擊數的誘餌式標題，也是一樣。你看到一個勾人興趣的標題，點進去後得先看一大堆廣告，然後才發現，啊！上當了，根本沒什麼內容可言。然而，正是因爲自己的好奇心，才讓你點擊進去。通常，在過程中會有一個突破，進而帶來發現。只有這樣，最初那個問題的答案才會揭曉。

講出你的故事

不，不，不是要你講述自己的人生故事，而是運用類比、軼事、見證推薦等方式來構建引人入勝、合乎邏輯又有視覺效果的敘事，讓客戶輕鬆產生共鳴。你的目標是讓他們在你講的故事中看見自己。你能使用以下四個原則來發展出強而有力的故事；你不一定要成爲 TED Talk 的講者或史蒂芬・金才能創出自己的故事。事實上，我們還是希望你的故事不要太像史蒂芬・金的驚悚作品。總之，原則如下：

一、**以你不可撼動的優勢爲基礎，也就是你的產品或服務的優點是無庸置疑的**。但不是每個人都有資格說：「全世界只有我們公司製造 iPhone。」所以，要建立不可撼動的優勢，就必須深入了解客戶和他們看重的事。然後，根據客戶的需求優先順序來調整你的產品或服務的優勢。提問是建立你不可撼動優勢的最強大方式。

二、**你的故事應該結合事實**、**特色**、**優勢**、**問題和軼事**。同時，必須清晰、詳實、有力又可重複講述。優秀的說故事人會用肢體語言、語調、眼神交流和情緒來吸引觀眾注意。沒錯，你是這場表演的主角，好好表現。

三、**你的故事要「兼顧」邏輯和情感**。事實和數字固然很重要，但會讓人昏昏欲睡。要有人情味。《權力線索》（*Power Cues*）的作者尼克・摩根說：「在這個資訊飽和的時代，企業領導者要講故事，別人才會聽到。事實和數字，以及所有我們認爲在商場中很重要的理性事物，其實根本不會在人的腦海留下深刻印象。但故事把情感附加到事件上，就會創造出『難忘』的記憶。這讓能創作與分享好故事的領導者，比其他人擁有更強大的優勢。」

四、**將你的故事建立在滿足客戶需求的前提或假設上**。讓故事說明你的產品如何最適合他們，而不是去披露競爭對手的產品爲何比較差。

對方只給你兩分鐘時

對方確實會聽你說話的內容，但他們還會注意你說話背後的行動。傑瑞在藥廠培訓時經常看到這一點。藥廠業務去診間找醫師時，醫師只會給他們兩分鐘時間說話。要實行始終如一且持續的行動，一個有效方法是說出這樣的話：「我向你保證。」然後等對方反應。

客氣的醫師通常會問保證什麼事。你可以回答：「如果你時間不多，我只向你保證，我和你遇過的其他銷售業務不同。我說到做到。我不會硬推你買東西，而是想看看我們能不能帶給你價值。如果不行的話，我會第一個跳出來告訴你。下星期你有空時，我們能再約個時間談談嗎？」然後就別再說了。

大多數銷售業務在別人給他們兩分鐘發言時，會怎樣做？他們會採取我們稱爲「機關槍式推銷法」，劈里啪啦地講，把原本五分鐘的內容，在四十七秒內全部講完，一副《疤面煞星》艾爾．帕西諾上身的樣子，向對方大喊他的精典台詞：「跟我的小朋友說你好！」但扣掉《疤面煞星》這段情節，潛在客戶完全聽不進去你在說什麼。你的嘴唇動個沒停，但他們根本聽不懂你的說話內容。

重新調校溝通技巧，順應人類行爲

在這個難推銷的世代，銷售業務和溝通者採取的所有方法已經發生變化了。那麼，這一切對銷售業務有什麼影響？結果當然很明顯。無論你要賣什麼，可信服溝通的標準已經大幅提高，比 SpaceX 全平民上太空旅行的門檻還高。

尷尬的銷售對話不是現在才有。它已經讓人不舒服很長一段時間了。時間快轉到二〇二〇年代，你自問一下：現在的銷售對話令人自在嗎？恐怕不是，但也不必這樣令人「倒彈」。打從大家開始有電話聽筒以來，掛斷電話這件事就一直存在。不過時至今日，客戶對銷售對話不會是表達不舒服，而是有些厭煩，甚至我們敢說，是厭惡吧？傳統的銷售溝通風格，絕對會讓大多數人反感的速度比按下掛斷鍵還迅速。

數十年前，電視廣告長達數分鐘，或者保險業務親自造訪，都是很平常的事。現在，我們可以點擊橫幅廣告，然後，咻~幾分鐘內就在線上買好保險了。

我們活在這個全年無休、有三百個以上的頻道、無時無刻連網的網路世界中，隨時都有無數公司和銷售業務試圖賣東西給我們。每個人都競相爭奪我們的注意力和金錢。如果不相信，你上谷歌搜尋小狗，然後登入社群媒體帳號，接著網頁上看起來就像被小狗之神入侵一樣。會出現許多你從來不知道的小狗廣告，從黃金貴賓、雪納瑞，到長得像《超人特攻隊》衣夫人的狗，應有盡有。超狂的。

在這個後信任時代，我們把電話對話縮減成訊息，訊息減少爲簡訊，簡訊再變成符號，以及如同現代象形文字般的表情符號。因爲這些科技成就，現代的銷售業務不僅面對更沉重的可信度包袱，建立可信度的時間還更限縮。

將這些事與更多資訊、更複雜的產品等因素加在一起，就會造就出由數位科技驅動的現代懷疑者。

消費者看待你這名銷售業務的方式，與數十年前大不相同。他們根本還沒聽你開口說話，就先質疑你的可信度。他們尋找的是矛盾之處，而不是能信任你的理由。他們會啓動防衛心理。他們很精明，而且從一開始就預設你打算對他們做壞事，想操控他們做自己不願意做的事。他們就是不信任你。你可知道？你無法像亞馬遜付費會員一樣，輕易就買到免運又一日送達的信任感。你必須努力博得他們的信任才行。

運用高明的交談技巧，潛在客戶通常就會把我們視爲領域中的專家，並覺得我們是以共同合作的方式來解決他們的問題，而不是爲了我們自己。想辦到這一點，我們不僅要成爲領域中的權威，還必須是溝通專家。

根據行爲科學，溝通有三種形式。在銷售領域，它分別對應到傳統推銷技巧、顧問式銷售和雙方對話。我們已經討論過前兩種溝通方式，還沒討論到的，是溝通領域的王道——雙方對話。它的重點在於進行一場**「高明」**的對話。潛在客戶把我們視爲領域中的專家，並認爲我們與他們合作來解決問題，並幫他們獲取成功的結果。

科學家已證實，讓對方自己說服自己時，說服力最強。當我們直接告訴對方該做什麼，或者試圖主導、故作姿態，或是硬要他們做某些事，這樣的說服效果最差。爲人父母的人在叫小孩去整理房間時，也許對這一點深有體會，不過這個比喻可能不太貼切，因爲很難想像小孩子會「心血來潮」自己說服自己，開始收拾亂七八糟的房間。不過話雖如此，當我們轉變自己的溝通方式，運用人類行爲和說服力概念之間的關聯時，會見識到更好的結果，也不會像嘗試說服小孩去清理堆積如山的雜亂那樣抓狂。

可惜的是，大多數的銷售業務最初受的培訓，都是圍繞著簡報、告知、灌輸事實和資料，還有說服——不對，是強迫推銷。然而，這種像傳福音一般廣爲流傳的銷售培訓，已經被證實最沒有說服力。此外，這與人類的心理背道而馳。你不用跟傑瑞一樣去修神經科學這門課，也會知道這種方式根本行不通。

希望你的同居者、配偶或小孩去做他們應該做的事，你覺得用「告知」的，通常會引發什麼反應？文風不動，任由垃圾堆滿屋，對吧？在他們看來，說服這個概念本身無法直接讓他們得到好處，主要受益人還是你。說到垃圾，雖然可想而知，把臭烘烘的東西拿出去對大家都有好處，但是，唉……人性就是這樣嘛。

我們從探究人類決策的方式、人如何與爲何會或不會被說服等面向切入，傳授你達成更多交易的技巧。何不學學**「順應」**人類行爲而非**「背道而馳」**的銷售方式呢？

我們已經談過，人買東西是出於情感，但會以邏輯（或至少是自己的那一套邏輯）

來證明購買的合理性。新銷售模式讓你提出一系列更有說服力、創造更安心的環境、不太施壓的發問。精髓在於：再也不是千方百計強迫對方去做你希望他們做的事。要讓客戶敞開心胸，唯一的方法是與他們**「建立連結」**。問題都問對，或是話術一流，全不是重點。如果無法有效溝通，只會把人趕跑。

在談自己的解決方案時，對方做出負面反應，你有沒有感受到遭拒絕的痛楚？有時沒能傳達到自己要說的重點，你會因此感到氣餒嗎？如果對這兩個問題的回答都是肯定的，那你的挫敗感可能大多數源自於以前學過的溝通方法。告知和說服對方，往往是以自己爲重心，因此，這樣的方式無法與大多數人建立連結。傳統或舊式的推銷技巧，都是第一種形式的溝通。

至於使用AIDA模式的技巧時，銷售業務會進到潛在客戶的辦公室或家中，試圖找出彼此的共通點。在過去，這種方法很有效。客戶覺得跟銷售業務有連結。但是，現在這種策略早就用到爛了，就像旅行者合唱團〈不停的相信〉這首歌一樣，在你家附近的卡拉OK店已經被唱到爛。

如果採取這種模式，你還沒說出口，對方就已經知道你接下來要說什麼。令人麻木、浪費時間的寒暄，永遠不會讓對方感受到眞誠。

銷售對話解析

把上述的銷售方法拿來跟你身爲消費者時有過的最佳體驗做個對比。銷售業務是否問你同樣機械和制式的問題，還是與你進行了眞正的對話？在對話中，你是否學到新知？現在回想一下，你在購物時，賣方採用的是舊模式。你是否默默期盼對話趕快結束？是否想找方法開溜？這種反應，在與潛在客戶接觸最開始的一〇%時間內相當常見。如果你的潛在客戶想逃跑，而你的銷售方法還硬要進行下去，那就不妙了。

接下來一〇%的時間是找出需求。首先，銷售業務會問一些泛泛的問題，例如：「能不能跟我說說你現在遇到的兩、三個問題，還有你希望如何解決這些問題？」接著，潛在客戶會向銷售業務列舉幾個普普的問題，給了簡單、看似合乎邏輯的答案，但這些答案很膚淺，根本不痛不癢。

接下來，銷售業務開始介紹產品或服務的特性和優點。他們會說自己的公司有多麼厲害，強調自己擁有的種種強項——每個銷售業務都會這麼說，不是嗎？這部分占了過時銷售模式的五〇%。到這時候，潛在客戶心中可能開始糾結午餐是要吃健康的沙拉，還是速食店的炸雞三明治。這可眞是天人交戰啊！

然後，在銷售的最後三〇%期間，他們會進入成交階段，這時會怎樣？潛在客戶如果還醒著或沒跑掉，就會提出反對意見。於是，銷售業務就必須想方設法應對他們的反對意見，並一遍又一遍地嘗試達成交易。（別擔心，我們會在第十章談如何應對反對意見）。此時，銷售業務開始追著客戶，希望說服對方購買。看起來有點急切、豁出去的樣子，對吧？沒錯，實際就是這樣啊！

我們來看看每一項活動所花的時間：

- 一〇%建立信任。
- 一〇%找出需求。
- 五〇%做簡報。
- 三〇%要求成交和應對反對意見。

因此，你可以看到，只有約一〇%的時間用於建立信任。

新模式讓人用「對的」方式思考銷售。一旦有正確的思維方式，就能把時間和心力放在學習。你要如何學會這些讓人覺得對話很自在的想法？畢竟，對話說穿了就是人與人之間的資訊交流。透過對話，我們並沒有要把銷售的責任推給客戶，而是與客戶**「合作」**，看看能否增加什麼價值。

選擇營造安心環境的用字遣詞

馬克・吐溫曾說：「幾近正確的用詞與正確的用詞之間的差別，眞的是天大的事——這可是 lightning-bug（螢火蟲）和 lightning（閃電）的天差地別。」用字遣詞同樣會引發人類的情感。選擇如何表達和談論某件事情，你會讓對方用特定的方式思考。一個人的觀點可以因為你選擇的用字遣詞而有大幅的轉變。你選擇的用字遣詞要能讓對方知道，你在為他們營造安心的環境。安心的環境能帶來豐碩的銷售成果。

你有能力將邏輯和情感融合，成為令人舒服的用字遣詞和語言，並透過這樣的用字遣詞和語言創造出一個低壓力、安心的環境，這對於達到出色業績目標至關重要！

我們從商業培訓師傑佛瑞・基特瑪身上學到最有用的事就是：大多數的成交都是

在放鬆的氛圍中發生。想想看，你是否曾經匆匆走出當地藥妝店後，被推銷訂閱報刊的人給攔下來？「今天訂閱就免費送雨傘！」你有多少次當場停下來訂閱呢？大概從來沒有。除非那時正下著傾盆大雨，你眞的需要那把雨傘，對吧？

可惜，銷售業務經常無意間用了我們稱爲的**「強硬字眼」**，讓客戶關上心門。比起講「你應該」「你會想要」，或是「這百分百適合你」，不如換成「**或許**你會想要」「**或許**這適合你」「看來這**可能**滿適合你的」，或者是「你有什麼想法？」。

你的用字遣詞，不時要讓客戶意識到這是**「他們」**的決策。強硬字眼和句子，例如：「你應該」「你必須」或「你一定要」，聽起來帶有成見、自以爲是，而且其實很討人厭。如果潛在客戶或客戶覺得你有成見、自以爲是、令人反感，他們掉頭離開的速度，會快過你說出「等等，還沒完呢！」。軟性字眼或傑瑞提出的「中性用語」，可以讓客戶知道他們才是決策主導者，而我們沒有要加油添醋。使用軟性字眼，我們向客戶傳達一個訊息：這**是**他們的決定，而且說到底，這本來就是他們的決定。

使用傳統的銷售技巧時，銷售業務會來到潛在客戶的辦公室或家裡，找出彼此的共同點。他們會談論天氣，或者如果看到一張客戶釣魚的照片，就會談起自己對釣魚的愛好——基本上談了一堆與他們造訪原因無關的話題。銷售業務爲了建立交情，會把所有精力投入到這種徒勞的「釣魚探險」中。這是亂槍打鳥，而且重點是讓人筋疲力盡。當銷售業務試圖向你推銷東西時，你是否會察覺這一點？我們確實想尋找共同點，但應該等到洽談生意的對話**「之後」**，也就是已經建立一定程度的信任時，才這麼做。

如【圖表5-1】所示，傳統的銷售做法通常是這樣的：只有一〇%的時間用於建立信任和傾聽潛在客戶的心聲。你是這樣的嗎？如果是，也別擔心，我們會協助改善這個情況。

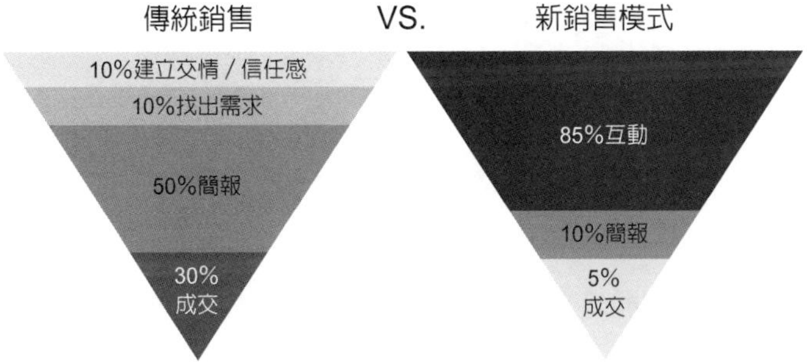

圖表 5-1

在新銷售模式當中，與潛在客戶接觸的八五%時間用於互動、傾聽和建立信任。只有一〇%的時間用來做簡報，以及五%的時間花在承諾或成交。後文會更詳細討論具體應該問哪些問題，這些問題有助於你在銷售對話一開始就與客戶建立連結。

第六章

聆聽和探究資訊

說服他人的最佳方式是用你的耳朵——也就是傾聽對方。

——迪安·魯斯克，前美國國務卿

好，你很會說話，是個令人稱羨的演說家。這樣很棒，但你不是來發表勵志演講和TEDx Talks的。如果不懂如何用心**「聆聽」**，恐怕永遠都搞不清楚該說與該問什麼，或是什麼時候要請對方進一步說明。有些銷售業務不知道如何有效溝通和建立關係，但懂得聆聽的銷售業務更是少之又少。

一項針對一萬六千人的案例研究顯示，九五%的客戶認爲銷售業務話太多。這是一個問題。研究還發現，八六%的客戶認爲銷售業務問的問題不恰當。①這表示，只有一四%的人問對問題。那些爲了套客戶的話而提問的人，並無意尋求眞正理解對方，只不過是要達成自己的目的。你的目標應該是：成爲那稀少的五%銷售業務中的一員，也就是不會讓客戶覺得你的話太多。沒錯，這個目標很艱鉅，但絕對可以達成！

《有效溝通技巧》（*Effective Communication Skills*）的作者瑞克．菲利普斯（Rick Phillips）說過：「世界上沒有無趣的人，只有沒有興趣傾聽的人。」任何銷售互動的諷刺之處在於，雖然我們希望客戶聽我們說的話，但很多時候都不自覺地不願意用同樣方式回報對方的禮貌。你還在聽嗎？很好。如果你苦於和客戶周旋，這時不妨該多聆聽他們的心聲，或許能達成更多交易。

心理學家、人本主義和以個案爲中心的心理療法創始人之一的卡爾．羅傑斯說過：「一個人無法溝通，是因爲缺乏有效、有技巧與理解他人的傾聽能力。」聽到聲音是一回事，而且往往還帶有選擇性（想想看，同居者、配偶或小孩「沒聽見」你要求清掉堆積如山的垃圾），但聆聽是一個複雜的生理進程，它是非常自然又被動的。

聆聽客戶是絕對必要的！聆聽需要有紀律、精力和努力。根據估計，成功的銷售業務每天花高達七〇%的時間在聆聽。然而，平均而言，一般人在記住和眞正應用所聽到的內容時，有效聆聽率只有約二五%。現在，如果我們花了七〇%的時間在聆聽，卻只有二五%的有效性，那麼提升這項技巧的重要性就可想而知了。

生物科技公司 Genentech 的業務經理莎莉．庫爾基斯（Shari Kulkis）表示：「我認為，聆聽技巧是銷售業務的死穴——特別是年輕人。」

已退休的北伊利諾大學銷售學教授丹・瓦爾貝克（Dan Weilbaker）明白這點，也表示認同。瓦爾貝克說：「我給了很多的口頭指示和作業，讓學生體會到必須用心聆聽才能做對，並懂我在說什麼。我不會問他們有沒有聽懂。他們只有兩個選擇。要麼他們可以來問我，不然就是直接去做自認為該做的事。如果他們依照自己的想法來做，結果卻是錯誤的，就會影響到成績。大多數學生會抱怨，我就會利用這個機會強調他們沒有聆聽。你必須聆聽，萬一聽不懂，就要問。」

聆聽潛在客戶有時會被誤解為，找出客戶想法和你自己想法之間的連結。你已經知道的事，並無法取代你必須從客戶那裡聽到的資訊。即使你已經掌握了客戶故事的九〇%，但仍然必須聽他們講完的一〇〇%內容。你需要問的問題，很可能就藏在你還不清楚的那一〇%資訊裡，你可知道？

所有「不知者不受其害」之類的說法？拋掉吧。就像《使女的故事》作者瑪格麗特・愛特伍在另一本著作《盲眼刺客》中提到：「這是不可信的原理：有時不知者，會讓你深受其害。」

就舉以下這個例子來說吧：

潛在客戶：「我們公司正在做大規模的組織重組。執行長剛退休，現在是業務副總裁接任……」

一般般的銷售業務可能會說：「我知道，我昨天在《華爾街日報》上看到報導了。」

你覺得潛在客戶會怎麼想？「**喔，這名業務還眞精明，不必跟他多說，省了我們的時間，對吧？**」還是「**你這個外人怎麼可能知道我們公司內部發生什麼事？組織重組影響的是我，又不是你。**」

就算你已經曉得客戶告訴你的所有訊息，但這與從他們口中告訴你的，還是不一樣，因為這些資訊屬於客戶自己。在心理上，你希望他們能感受到隨著這些坦承出的資訊帶來的所有感覺，或是察覺你的提問所揭露的事實。有時候，他們必須大聲說出

---

① Gerald Acuff "Why Aren't Your Prospects Buying?" December 14, 2017, https://www.jerryacuff.com/arent-prospects-buying/

來，才能在腦中描繪出完整的畫面——當他們終於自己得出結論時，頭頂上冒出的漫畫對話框就會亮起閃電燈泡！

如果客戶極有可能會採買，就需要有強烈的誘因，驅動他們想使用你的方案來解決自己的問題。無論需求的根源是什麼，都要有種緊迫感。不過別把緊迫感和危言聳聽混爲一談。你可不想因此嚇跑對方。要創造這種迫在眉睫的感覺，又不會讓人覺得你是危言聳聽，唯一的方法就是完全理解客戶這個身爲揭露自己問題的人，和身爲問題解決者的你之間有何關係。

看看以下這個情境：

潛在客戶：「我們的問題說到底就是，單單產品進出倉庫就耗費很多時間。」

一般般的銷售業務：「聽起來貴公司需要入手我們剛推出的新堆高機。我來跟你說說我們的新機型……」

從倉庫談到裝載產品，再到堆高機，很順理成章喔！雖然堆高機或許確實能解決潛在客戶的問題，但它並不在客戶講出的事情中。這名銷售業務強行插入自己的想法，並預設這就是客戶的需求，但實情可能「**完全**」不是這麼回事。

銷售業務不妨乾脆就說：「**等我把要說的推銷話術講完，我們再回到你說的事。**」然後讓對方把你請出門好了。

仔細聽取客戶的故事，想捕捉可以開始推銷的蛛絲馬跡，這是另一種試圖將潛在客戶的想法與銷售業務自己的想法連結起來的誤導方式。就好比是初次見到某個人，當對方開口說：「我喜歡巧克力……」你就興致勃勃地插嘴：「我也是。」結果發現這個人接下來說的是：「裹住的螞蟻。」那你會比較喜歡螞蟻裹著白巧克力、黑巧克力，還是牛奶巧克力呢？

聆聽確實是銷售的一種模式，但想讓聆聽眞正有效，就必須「**關閉**」其他銷售模式，例如：大談產品的特性和優點，這樣才有機會讓自己從業績平平晉級到業界前一%的佼佼者。

現在我們知道怎樣是「**沒有**」聆聽，接著來討論如何加強。你在聽嗎？

開放式聆聽

開放式聆聽，也就是不帶評判的聆聽，把焦點放在對方身上，並且把自己想成交的意圖擱在一旁，效果非常強力，能讓你與其他銷售業務截然不同。暢銷書《改造銷售對話》（*Changing the Sales Conversation*）的作者琳達・理查森說：「聆聽一直以來都很重要。現今，要將聆聽想成是『細聽』。它是你在當下『保持覺察』的能力，這樣你才能展現出關注，並充分理解客戶與你分享的事。」②

但是銷售業務有聆聽潛在客戶說的話嗎？依據我們培訓過數千人的經驗，答案是否定的。很失禮，他們也知道，但他們並不是故意的，也在改進了。聆聽需要你做一些大多數銷售業務根本不會做的事。比如你必須放下一直想著下一句該說什麼的欲望，讓自己的自然本能發揮出來。這就好比是拍照一樣。有些人天生就很上相，但如果你不是超級名模，或是超級名模二代，或許就知道我的意思。

你刻意擺姿勢拍照時，可能會看起來，呃……有點做作，也許還很彆扭，很像是瑪丹娜和卡戴珊用過的濾鏡全部加起來的樣子。然而，一張隨意拍的照片，假設完全適宜公開場合觀看，那它通常看起來比較自然、眞實，也不需要使用濾鏡。聆聽也很類似，它是去掉濾鏡的。把濾鏡關掉吧。如果我們不訓練自己聆聽，心思就更容易放在準備回應上，這樣的回應會顯得生硬，而不是聽到潛在客戶說的話之後，做出更自然的應答。

聆聽時也需要你解讀言外之意。有目的且適當的聆聽迫使你放慢速度，而不是脫口快速發問或急著切入自己的推銷話術。放慢速度時，你提的問題更優質，進而引發更正向的心理轉變，觸發潛在客戶更願意敞開心扉。

你很幸運，聆聽在銷售界就像《脫線家族》中不起眼的珍・布雷迪，不怎麼受同業重視。至於讓珍・布雷迪羨慕又嫉妒到說出「瑪西亞、瑪西亞、瑪西亞」的姊姊，是受人矚目的焦點，對應到銷售界，就是推銷話術。這樣也無可厚非，不過因爲聆聽並未被視爲銷售的一部分，所以聆聽仍然是使用新模式的銷售業務具備的優勢。所以你的祕招很安全。你的聆聽能力不太會被業界其他銷售人員超越。最厲害的競爭優勢

---

① Linda Richardson, "Critical Communication Skills – Version 2020," September 22, 2015, https://lindarichardson.com/critical-communication-skills-version-2020/

就是：你的競爭對手不想要、也不懂的那個。接招吧，瑪西亞。

反過來說，漫不經心地聆聽會削弱你的溝通能力，尤其是當你根據錯誤的資訊提問時，而這些錯誤資訊通常是在你無心聆聽、心不在焉之下蒐集到的，導致溝通沒有焦點和方向。這時候請標記這次的交易：#銷售慘敗。

從CEO視角學聆聽

在你的職業生涯中，可能曾想過：「如果我是執行長，我會這樣做。」現在你有機會扮演執行長了。你要當的執行長，是和成爲積極有效的聆聽者有關，也就是善用線索（clues）、眞義（essence）和機會（opportunities），它們是成交達陣的金三角。

客戶回答你的問題時，你應該聽取什麼內容？答案很簡單，要聽出以下三件事——線索、眞義和機會。這三者就像一個執行長必備的黃金組合。如果把聆聽技巧集中在這三個領域，就能夠解開防火牆，並進一步深入了解有希望成爲你忠實客戶的人。

線索

線索是你重要的另一半在想要某樣東西時會丟出來的資訊。當你錯過這些線索，因而忘記重要的日期或場合時，那可會成了無頭緒的迷糊人。線索也是客戶應對你這個人或你的提問時的用字遣詞。他們可能沒察覺自己分享出這些資訊，但敏銳的聆聽者會從字面之外挖掘背後的含意，並意識到對方的話（或未說的話）當中滿滿的線索，其中有些線索還特別有用處。

線索通常是觸發點。但千萬不要和社群媒體上的「觸發點」混淆，後者指的是會引發激情或激烈反應的事物。至於銷售所說的觸發點是指：後續可以產生跟進式的**提問**。幾乎所有事物都可以是線索——對於愛字成癡的人來說，它們可以是形容詞、副詞，或是傳達模糊與不確定性的字詞。對其他人來說，它們就是一些提示，需要進一步釐清才能正確理解客戶的意思。

舉例來說，客戶可能會說：「**病患達成目標非常有意義**。」

「**一般般**」的銷售業務一聽到就見獵心喜，可能會列出一長串的理由，解釋爲什麼他們的產品是達成目標的最佳解決方案。「**優秀**」的銷售業務聽到「**有意義**」，會知道這個詞有解釋的空間，因此針對這個線索進一步做跟進式的提問，非常恰當。

醫師，確實可以想像這些病患達成目標有多重要。你能和我分享一下為什麼它這麼「有意義」？你為什麼會特別選這個字眼？

線索也可以是非言語訊息，透過肢體語言或臉部表情來傳達；只要留意，很容易就能察覺。比如客戶說：「病患達成目標非常有意義。」同時指頭用力戳在硬桌面上，這可能表示他們在加強語氣，傳達這個問題對他們的重要性。你的跟進式提問可以是：

從你的肢體語言來看，這件事情對你來說至關重要。你能不能分享為什麼這件事情如此有意義？

又或者你可以說：**「根據你的肢體語言，這對你似乎很重要。背後有什麼原因？」**

如果客戶的語氣或音調特別強調「目標」一詞，那就顯示，沒錯，目標對這名客戶很重要。跟進式的提問可以是：**「你的重心似乎大多放在這些病患的目標。就你的**

經驗，**能不能請你分享一下爲什麼讓這些病患達成目標這麼有意義？」**或者可以這樣問：**「不過，爲什麼他們達成目標現在對你這麼重要？」**

情緒有很強烈的觸發點，而且可以用多種方式傳達，不過最好不是哭哭啼啼或大暴怒，畢竟，你是在做銷售這一行，不是在當精神科醫師。聽覺上的信號和肢體語言能輕易傳達情緒。不過，如果客戶把牆打穿一個洞，顯然就超出你的專業範圍了。

我們說的是拍一下桌子、比劃手指頭、提高說話音量，或者只是用字遣詞。用來描述字詞的形容詞或片語，可以是有力的線索，幫助你知道客戶對特定主題或想法的情緒。切記，客戶買東西是出於情感，然後用邏輯來捍衛決策。

如果你積極聆聽，並察覺對方用字遣詞中的情緒，就能在回覆時對這種情緒做出反應。一流的銷售專家會深入挖掘這個情感寶庫，並從情緒線索中探得背後蘊藏的眞實感受。積極聆聽的人知道注意線索的價值，他們不會給你當頭棒喝——至少我們希望不會。

眞義

眞義指的是客戶用字遣詞背後的意圖或眞正含意。如同各項研究證實，多數客戶認爲銷售業務提的問題不好。他們這麼想是正確的。怎麼會這樣？因爲銷售業務可能不專心。如果客戶一開始就抱持這種心態，覺得銷售專員沒有眞正在意他們說的話，業務就得等很久才能偶然發現客戶的話帶有深意。況且，別搞錯了喔，眞義並不是取決於「字詞或句子」的意思。客戶甚至可能不是故意回答沒有實質內容的言詞，而是下意識這麼說的。

一般般的銷售業務在沒有進一步釐清之下，會直接解讀對方說的話。然而，更優秀的銷售專家就會意識到，溝通的內容中有造成混淆的「濾鏡」存在。濾鏡對年華不再的流行歌手或社群媒體網紅也許是得力助手，但在銷售中，它們就難以察覺。這些濾鏡可能包含說話者或傾聽者的背景、環境、文化、情緒、性別、年齡、過往經歷、傳聞和預設立場。

我們銷售的目標是要眞正「理解」客戶。如何辦到呢？方法就是：把重點放在探究客戶眞正的意思——也就是釐清他們說的話。釐清的目的有兩個：第一，這樣能確保客戶懂**「我們」**說的話——也就是我們所傳達訊息的眞義。第二，能讓客戶放心得知我們眞心關心他們與他們分享的想法。畢竟，我們就是在意，才會提出後續的問題，對吧？

想釐清你聽到的內容，有三個方法。

一、提問。
二、改述。
三、摘要。

你小時候，大人可能告誡過不可以用「問題」來回答問題。但在銷售這一行，用另外一個問題來回應問題是完全可以接受的——尤其是釐清性的問題。只是別讓小孩聽到這件事，否則他們到上大學之前會一直打破砂鍋問到底。不過說眞的，你還有什麼辦法能了解客戶話中的眞實意圖，並消除困惑呢？

改述是將你認爲客戶說的話，用你自己的話表達出來。當你選擇不同的用字遣詞來傳達同樣概念時，它可以帶來清晰度，並向客戶傳達你眞心關注他們說的話。做摘要的時候，你是從客戶的角度（不是你自己的）來回顧對話內容。獲取真義的經驗法則是：**「別光靠預設，要提問」**。

機會

機會和你我、喬丹鞋一樣，有大有小，有的特別龐大，有些又嬌小可愛，像嬰兒的尺寸一樣。但機會的共同點是：不同於稀有的喬丹鞋，它們幸好會出現在與客戶的對話中。通常我們客戶的陳述中都埋藏著機會。

舉例來說，如果你賣的是醫療器材，醫師在與銷售業務交談過程中，可能會碰巧提到他們下個月要到波士頓開會。精明的業務會把這當成是一個機會，於是聯絡波士頓的朋友或同事，打聽當地幾家人氣餐廳或熱門景點。在下一次互動時，這個精明的業務就會順勢向醫師提到這些地方，像是這樣提議：「我在波士頓的同事說，有一家新開的隱藏版拉麵店，你一定要去試試看。」

這個小小的舉動，不須付出任何代價（除了時間），卻能傳達一個強而有力的訊息給醫師。這表示，我們在聆聽醫師說的話，而且在談過話之後還記得他提過的事，並花時間與心力去找尋可能對他有幫助的資訊。這是一種建立信任感與博取好感的方式。用自己的資源或人脈幫忙訂位，也能加分。

機會有時候是顯而易見，像是客戶可能分享一個故事，提到同事正好是他的高爾夫球友。機會也可能比較不易察覺，比如辦公室角落牆上的一個獎項。機會可以是說出來的，也可以是雙眼看到的。關鍵在於**「留意」**客戶說了什麼（也就是聆聽他們），以及他們周遭的環境。

聆聽的訣竅

覺察與全心在當下

你有沒有明明感覺跟某人談得正深入，結果對方卻在談話中讀訊息和回訊息？或是你和一群朋友分享自己很荒唐的一段經歷時，突然有人插話打斷你，開始講他自己的事？

很不幸，你我大多數人都有過類似的經歷。這些經歷給你什麼感覺？你是不是覺得很煩、惱怒或氣餒？你是不是覺得對方這樣很不尊重，也否定了你想講的話？最重要的是，你不必是禮儀專家也知道：這樣實在很沒禮貌。超級沒禮貌。這裡要插入一個「生氣」的表情符號。

現在，想想對方的舉止傳達什麼訊息給你——他們在對話中沒有**「全心在當下」**，也沒禮貌。我們能輕易把這種情況認定是對方的錯，並且譴責他。不過先等等，仔細看看你自己。**你**有沒有在跟潛在客戶互動時做過這些事？你曾經沒有全心全意在對話的當下嗎？沒關係，可以承認。大多數人都犯過這種錯，如果你也是，也該改掉這個習慣了。

就算你認爲自己只做過一、兩次，但實際發生的次數可能比你想的更多。所以在練習進階的聆聽技巧時，盡量在對話中保持對自己行爲的覺察。全心在當下與覺察，能讓你的大腦從潛在客戶的話中去蒐集資訊。不是每個客戶都一樣。他們有獨特的需求，不能用一模一樣的問題來吸引每一位客戶的興趣。然而，他們都可能因爲你的不關注或分心而反感。

抱持好奇心

你有沒有遇過向人抱怨後，對方立刻跟你說要怎樣解決問題，搞得你很生氣？就算對方提出的解決方案有道理，但這樣立即給出他們推斷能解決問題的方案，讓人很不舒服。這很像他們是在對你下指導棋，而不是單純聆聽你的感受。即使對方是對的，但沒有人喜歡被指示該怎麼做。再說，要聆聽你的問題，快速給出的答案不見得是最好的，甚至可以說，有時候一個慢速、經過深思熟慮的回應會更周到和慎重。

這種以立即解決方案爲主的回應，往往出自對問題了解甚少的情況下。也沒有考慮到可能已經採取過的行動。事實上，根本沒有考慮太多。你想，如果對方不是立刻提出解決方案，而是請你詳細說明自己的情況，你會有什麼感受？如果他們針對你的問題、問題成因，以及對你的影響等等，提出更多問題，你的感覺如何？

你或許會覺得這個人理解你經歷的事，而且會**「更願意」**敞開心扉談論自己的處境。這對潛在客戶也是如此。所以，雖然這可能很困難，但請記住：先保留你的論述和解決方案，等到適當時機再拿出來談。接著，使用高明的提問，讓你的潛在客戶詳細說明自己的問題。

保持沉默和停頓

很多銷售業務向潛在客戶提問時，如果對方沒有瞬間回答，他們就會跳出來替對方回答、轉換話題，甚至開始問其他問題。別・再・這・樣・啦！**現在就停下來**。千萬不要這樣做，因為這樣就得拜別這位（無緣的）客戶了。這種行為會讓你的潛在客戶覺得遭到否定。

你採取更開放的態度時，潛在客戶也會對你透露想法，並且告訴你眞實情況。拋開那句過時的房地產和銷售界的名言：「買家會說謊」，也順便刪掉後面那一句「賣家更嚴重」。這些都是老掉牙的觀念，丟掉啦。

提出問題時，要保持沉默，也要接受片刻的沉默。這不是空氣突然凝結的那種約會冷場。安靜不說話不是什麼招數或成交手段，而是一種尊重和禮貌。這麼一來，你的潛在客戶能夠先仔細思考問題再回應。潛在客戶最先給出的回答是洋蔥的第一層皮。

提出更深入的問題時，你會發現他們的回答更加眞實、透露更多訊息，而且帶有更多情緒。給潛在客戶空間來回答你提出的問題。又不是政論節目，大家互相搶話。不要在對方回答問題時打斷他們，急著再提問，也不要轉換話題。沉默才能帶動銷售。

理解對方

有沒有遇過有人說了一些你覺得根本就是錯的話，而且與你的信念相悖？或許是你親身經歷過、明知道不對的事，於是你開始與對方爭辯？歡迎來到社群媒體和現代政治的世界。你可能也注意到，這樣的爭論不能解決任何事，也無法像你期望的那樣改變對方的意見。

應對潛在客戶的反對意見時，你是不是曾經也用了「是沒錯啦，可是……」的方式回應，試圖說服對方接受你的想法？結果，這樣的論辯，你贏了幾次？你是否覺得對方因此改變了觀點，聽你的？如果眞是這樣，也許你應該寫一本書。

如果不要一心想證明自己是對的，眞正去傾聽對方的想法，你覺得會發生什麼事？如果你問更深入的問題，讓他們詳細說明自己的出發點與爲什麼會有那種感受，又會怎樣？如果你在做這些事情時，不帶評斷，也不把自己的解讀和意見強加到對話中，又會如何？

以下的情形都可能發生：

・你可能會更理解他們的出發點和立場。
・對方聽自己回答你巧妙提問的同時，可能會在潛意識中質疑自己的思路。
・對方可能會重新考慮自己的觀點。
・對方可能更願意聆聽你的說法和思維。

史蒂芬・柯維在《與成功有約》中提到的「知彼解己」，也就是：「先理解別人，再尋求別人理解你。」聆聽並接受對方的觀點，不表示你一定要改變自己的想法和信念。大消息：你未必得贊同對方的想法，才能聆聽他們說話。

相反的，你先放下自己對世界的既有看法時，潛在客戶就會更願意聆聽你講話和你的觀點，因爲這樣的你給人的觀感是有知識、包容、不帶評判，以及很有趣。因爲坦白說，在現在這個時代，能做到這一點的人就像不使用音準校正軟體的嘻哈歌手一樣少見。

如果希望潛在客戶改變，或許就要先改變**你**應對他們的方式。透過抱持開放態度、想理解對方的心，眞誠地聆聽潛在客戶，你可以促使他們轉變。

一定要問清詳情。你可不希望解讀錯誤。你理解的意思，可能與實際意思完全不同。太多的交易之所以失敗，都是因爲銷售業務想當然地認爲，自己知道與理解潛在客戶的問題，但實際上他們並不懂。

第二個關鍵是**接納**，而且不要去評判或用自己的解讀來打斷對方。不要用自己的現實觀來評判他人。評判他人時，你並沒有改變對方。你在評判時，只是暴露出自己內心對批評和貶低他人的渴望。美國實境秀《茱蒂法官》的法官得靠評判他人賺進大把銀子。至於你，想賺收入，就要靠不評判他人的交流環境。

試試看這個方法：下次在紅燈轉綠燈時，如果前車沒有立刻開動，不要按喇叭。就等一下，給對方一點空間。如果你正趕時間，或者身處車水馬龍的大都市，大家習慣一秒不動就猛按喇叭，這樣做可能有些困難。但還是試試看——當然，要謹慎點。雖然你後方的車子也許不認同你的做法，但你的爆氣次數可能會減少。

類似這樣的事，盡量做，你就會體會到幸福感、健康和壓力程度大幅改善。況且，你也眞的不曉得前車爲什麼在轉綠燈時不開動，對吧？也許是對方的後座小孩一直吵鬧，所以分神了，或者可能只是對方今天心情很不好。

讓你的自尊心和過往經歷去享受一個悠長的午餐，再來個長長的午睡吧。切記：不要對人說「我懂你的感受」。很可能你什麼都不懂，那只是你自己的詮釋罷了。你要做的，反倒是問問對方遇到這種情況有什麼感覺。把它變成一個問題，會有回報的。

很多人以爲治療師是天生的問題解決者。然而，他們也沒有全部的答案。你不會在諮商結束後就能帶著一張往後如何過日子的清單離開，雖然這聽起來眞是方便。他們不會給你**「全部」**答案，你必須自己找到答案。一個好的治療師要做的是提出對的問題。自我發現是整個過程的一部分。如同甘地所說：「找到自我的最佳方式，就是忘我地服務他人。」不過心靈勵志的話題就先到這裡，那是另一個書系的內容。

身爲銷售治療師……啊！我是說銷售業務，我們也必須做同樣的事。讓對方在你的服務中找到自我。不要預設自己握有解決方案，而是改由對話逐步引導，讓客戶自己得出結論。如你所見，這是你在這行中最有益雙方的對話。

第七章

提問的順序

解決方案是逐步進化而來的，起點是提出正確的問題，因為答案早就存在了。我們要做的是界定和發掘這些問題。
你不是在發明答案——你是揭示答案。
——約納斯・沙克，小兒痲痺症疫苗研發醫師

好的，你知道如何說話，也了解怎麼聆聽。你現在可能覺得已經可以大展拳腳了，但先稍安勿躁。如同幽默大師喬治・蕭伯納說的名言：「溝通中最大的問題是，誤以爲溝通已經開始了。」你知道自己確切應該問哪些問題嗎？你知道**如何**問這些問題嗎？

事實上，即使你是很會溝通的人，可是如果你不知道該問什麼問題，也只能短暫吸引對方的注意力，除非你是電視主持人芭芭拉・華特斯——她曾經問訪談對象覺得自己像什麼樹。這種怪問題會讓人維持興致，忍不住想留下來聽答案。然而，在銷售中，你的問題就別糾結在對方是不是「紅杉樹」型的人了，重點應該直接放在提問的順序上。我們提供的提問順序能創造一個邏輯清楚且連貫的架構，

讓你和你的銷售團隊可以用來產生有意義的對話。

舉例來說，在傳統銷售法的提問順序中，銷售業務只要找出可能的客戶、判斷他是否符合條件、努力推銷、達成交易，然後提供持續的支援。在過程中的每一步，業務員都清楚知道接下來要做什麼。

但先不要急著走到下一步。在告訴你該提出哪些問題之前，你必須先了解如何運用我們前文分享的幾個方法來創造一個強而有力的開場白。我們已經發現了如何運用自己的一套概念和想法——也就是以客戶的角度思考的精髓，並拆解銷售過程，讓客戶自行思考。

引發興趣的開場白

開場白是開始生意對話的言詞。有些客戶喜歡從閒聊週末、運動、小孩或其他個人話題開始，但每一次銷售對話中，還是會有一段談論生意的時候。

客戶的心事繁多，他們會分心，被海量的資訊淹沒。我們敢打包票，他們大概看到銷售業務都不會太興奮，除非雙方有交情。但就算有交情，也不保證會很起勁。最終的關鍵還是，你一定要打動潛在客戶的心，讓他們願意對你打開心扉，與你互動，而且要快速達成這一點。

必須記住一件事：**開場白不等同於打招呼**。打招呼算不上開場白。如果你說：「週末過得如何？」這是打招呼，不是開場白。開場白是銷售對話的開始——也就是開始談及**「生意」**的用詞。

既然已經區別出這兩者了，現在重點是要在問候語與開場白之間做好順暢的切換。突然跳轉話題通常感覺都很彆扭。這就像從「你有沒看最新一集的《泰德拉索》？」直接跳到「現在來說說你的病患吃止瀉藥的需求」。

要成功切換話題，你必須快速引發興趣。松鼠的注意力持續時間大約是一秒，金魚有九秒，人類的注意力持續時間據說是十至十二秒（但在這個時代的短影音潮流下，恐怕縮得更短），還有，可別忘了「八秒法則」，這樣潛在客戶才會願意聽你說。

時間至關重要，但我們沒有太多時間來取得對方的注意。光是能與對方面對面接觸，也不等於可以進入他們的內心世界。所以，萬一客戶不聆聽，其他一切都無關緊要。這就是爲什麼迅速引發興趣是讓任何銷售互動變得有意義的關鍵，這不僅對我們如此，對客戶也同樣重要。

以下是醞釀潛在客戶興趣的五個關鍵原則：

一、**做功課找出有趣的方式來開啓話匣子**。比方說，你賣的是床墊，與其讓潛在客戶試睡（這個點子其實也不賴），不如用有趣的冷知識讓對方印象深刻，例如：「當今，只有一二%的人做黑白夢，其他人是做彩色的夢。在彩色電視問世之前，只有一五%的人會做彩色的夢。」

二、**使用能創造安心環境的開場白**。例如：「我們跟很多公司合作，對自己的工作很自豪，我們的客戶也有亮眼的成果。不過這不表示我們一定適合貴公司。在討論如何幫助貴公司之前，能不能先請教你幾個有關XYZ的問題嗎？」

三、**開始銷售對話之前，先爲互動注入價值**。假設你讀了一篇報導，得知潛在客戶的公司遇到銷售業務做不出業績的問題，而你手中正好有一本相關的書，你就可以說：「我在報紙上看到你們在業績方面遇到一些困境，我想你或許有興趣讀讀這本書。」

四、**幫客戶牽線**。「我之前遇到艾爾・伍茲，想說你可能想跟她見個面，因爲她的公司……」

五、**釐清你必須知道的事，並努力去找答案**。在每次銷售對話之前，問問自己：「我想知道什麼？我想分享哪些事？」同時也要準備好談論關於你自己、你的產品、你的服務和所在行業的資訊。睿智的班傑明・富蘭克林曾說：「沒做好準備，就是準備要失敗。」

出色提問的結構：意圖、內容、條件

「**發自內心**」的好奇心驅使人尋求理解。這也會融入一個出色提問的完整結構：意圖、內容和條件。

「意圖」就是弄清楚你爲什麼要問這個問題。如果問題的答案，你已經知道，就沒必要問，除非這個問題能幫助潛在客戶重新感受到自己問題的痛苦。你的意圖始終是爲了尋求**理解**。

不要問誘導式的問題。提問要能挖出你想了解或需要知道的資訊。切記，時間很寶貴，而且不等人，所以必須在提問上明智地利用時間。

「內容」是要找到你確切想知道什麼事。銷售業務有時會拐彎抹角，或是在他們的問題中加入太多含糊不清的內容，把客戶搞糊塗了。困惑的客戶可能最後就不當你的客戶了。具體寫下你想知道的事。一般來說，你會發現，寫下來的內容可以催生出一個巧妙的提問。

「條件」包含解析問題會引發客戶什麼反應。就像喜劇演員會發試水溫的笑話推文一樣，這一步對於提升提問品質來說，非常重要。大聲問自己這個問題，這樣才聽得到自己在說什麼。如果你是客戶，這個問題會給你什麼感覺？會讓你心生防備嗎？讓你一頭霧水嗎？讓你覺得被人算計了？如果以上任何一個的答案是肯定的，你就必須重新調整這個問題。讓自己置身於客戶的立場，並實際**聆聽**自己的提問，就能避免搞砸交易。

提問的流程與聚焦的重點

問對問題能營造出安心的環境，因爲你讓客戶得到足夠的安全感，因而願意對你敞開心扉，說出他們眞正的問題和目標。客戶可能會坦誠分享他們受到什麼阻礙。你的提問能激發思考和對話。詢問一系列有連貫的問題，最能讓你眞正了解客戶。出色的提問能帶著客戶得出自己的結論，而且達到這種目的，等於爲你的銷售成功事例再添一筆！

當潛在客戶開始仔細聽自己回答你的提問時，看看會發生什麼事。他們邊講會邊開始消化資訊。潛在客戶的回答有助於他們思考自己的問題，並認同與接納他們想要解決這些問題。一旦在有意與無意之間內化自己對你說的話之後，潛在客戶的回答會促使他們檢視和挑戰自己的信念，思考爲什麼會持續容忍現狀。

你提出這些問題，對方再向你描述他們的問題時，他們也是告訴自己爲什麼會有這些問題、問題的成因、問題的根源，以及改變這些問題對自己有多重要。

他們會開始對自己說：**「我爲什麼一直拖，不幫自己和家人買壽險？」「我爲什**

麼一直投資這家公司？也許應該看看這個人提供給我的方案——搞不好報酬率會更高？」「明明我也可以像這個女人一樣在家工作，爲什麼每天還要花一小時通勤上班？」或者是：**「哇，爲什麼我還在用這種方式爲我的業務打廣告？我本來可以爭取到那些更容易成交的潛在客戶，幫助我的銷售團隊更有效地成交啊！」**

他們會不斷質問自己：**「是什麼阻礙我做這件事？是什麼讓我裹足不前？」**他們會質疑爲什麼會容許自己甘於現狀。接著，他們會開始思考要做點事來改變處境。當潛在客戶由於你的高明提問技巧而走到這一步時，他們就會開始說服自己已經準備好了，現在就要做出改變，不是等半年後、一年後，而是此時此刻。

在銷售中，你必須學會**具體**的提問，以及在適當的**時機**和**方式**之下按照逐步的結構進行提問，讓你的潛在客戶自己說服自己，而不是由你來努力推銷。這就是我們發揮作用的地方。

我們所指的提問，是要引出對方內心和外在的眞實想法，最重要的還是，帶出他們的情緒。**關鍵不在於你跟他們說話，而是他們對你談自己的事。**

以下簡單說明這個流程的結構，以及這些提問聚焦的重點：

一、**建立關係的提問：**這些提問將焦點從你身上轉移到潛在客戶身上。

二、**了解現狀的提問：**這些提問幫你了解對方目前的狀況。

三、**覺察問題的提問：**他們有什麼問題、是什麼因素造成的、這些問題又如何影響他們？

四、**覺察解決方案的提問：**這些提問與潛在客戶、他們的想法產生關聯，這會促使他們心甘情願來解決問題，並與你一起解決問題，同時幫助他們展望一旦問題解決後，未來是什麼樣子。

五、**探索後果的提問：**這些提問促使對方質疑自己的思考方式，並探索不改變現狀的後果。

六、**篩選條件的提問：**這些提問確認了改變現狀對他們有多重要。

七、**過渡性的提問：**這些提問幫你很自然地切換到介紹你的解決方案如何幫對方解決問題。這些問題幫你鋪路，讓你可以在合適的時機提出自己的解決方案。

你覺得大多數潛在客戶會願意敞開心扉聆聽你說話嗎？喔，那當然呀！你知道嗎？有一件很有趣的事會發生。準備好了嗎？聽清楚囉。好，是這樣的，潛在客戶會喜歡你！他們會開始回你電話，並主動來找你尋求改變。這個可是我們都很歡迎的一個新概念，對吧？

在接下來幾章，我們會詳細拆解提問流程，以及該如何將這些技巧運用到你的生意和銷售對話中。

第八章

到底要推銷，還是不推銷？

有智慧的人不會給出對的答案，而是提出對的問題。
——克勞德．李維史陀，法國人類學家

現在該讓你的銷售流程跟上現代的腳步了，否則就得面臨遭淘汰的風險。身處這個事物瞬息萬變、升級、降級和演進的世界裡，現在正是採取行動的最佳時機，尤其想想你在讀這本書的過程中，手機也許就已經有五十項更新。如果缺少一個可靠且**現代**的範本可以參考，再加上不了解銷售的各階段，你和銷售團隊就無法發揮應有的表現。這就像拿你叔叔的古董手提音響要播放MP3音檔一樣。

銷售流程的作用如同地圖和指南。如果使用的地圖一直把你帶到死胡同，就該換換新方法。過去對你有用的銷售方法，現在不見得能產生同樣的效果。同樣的，今日有效的，明日也可能行不通。你應該明白這一點。銷售的局勢是多變的，你也應該靈活應變。

銷售的初心有八大法則

說到銷售，**初心就是一切**。你的初心，就是你在採取行動時抱持的心態。問問自己兩件事：「我的目的是什麼？」和「我打算做什麼？」。勵志演說家布萊恩・崔西表示：「你應該先爲自己的心態注入目標。客戶會對由目標感帶來的能量和熱情做出反應。」但先等等，這個目標不能是指你自己，而是你必須以他人爲中心，也就是說，在建議或推薦自己的產品當解決方案之前，你必須先了解全盤情況。

假設有個人說他快餓死了，而你賣的是超高熱量、麩質爆表的巧克力棒，於是你立刻告訴這個人：「買我的產品，你一定會愛上它，從今以後再也不會餓了！」結果發現對方對麩質過敏、有糖尿病，而且討厭各種巧克力棒。糟糕，你甚至還來不及解釋你也賣無麩質、非巧克力棒、無糖的食物，就已經因爲草率又急躁地推銷，害他進醫院了。

正確的初心能打開人的心（和嘴巴），而錯誤的初心會讓人選擇封閉。銷售的初心有八大法則，是在新世界中取得成功的關鍵：

一、我的初心是要有同理心，從客戶的角度看事情。
二、我的初心是把焦點放在對方，而不是我身上。
三、我的初心是找到眞正想要我的服務或產品的人。
四、我的初心是讓人看見我與眾不同、獨特，而且是優質的專業人士。
五、我的初心是精通自己需要的知識，讓自己在業界被視爲專家。
六、我的初心是爲每一次聯繫做好準備，不是因爲它對我很重要，而是它對客戶很重要。
七、我的初心是用字遣詞要能引起潛在客戶共鳴，又有吸引力。
八、我的初心是擁有內控型心態①，因爲我明白要對自己的行爲結果負責。

在與潛在客戶的任何對話中，你問的第一個問題可能決定自己的成敗。這些問題

①編注：內控型（internal locus of control）心態，是心理學術語，意思是相信自己的行爲和決策直接影響結果，而不是取決於外在因素或運氣。

要麼能吸引人靠近你，讓人對你賣的東西抱持開放態度，不然就是排斥你和你的產品，進而觸發銷售抗拒，最後無疑會導致令人懼怕的拒絕。

如果想讓潛在客戶一定能變成你眞正的客戶，那就繼續讀下去吧。你已經在對的道路上了。網路上充斥著大談銷售流程的文章。我們說的有什麼不同？因爲我們提供的是一個**提問**的流程，而且**順應**人類行爲，並沒有背離。

事實上，你的銷售業績可能沒有達到預期，這與三個關鍵觀念有關：

一、你對銷售的定義。

二、你的用字遣詞。

三、你**沒有**問的事。

最後一項最關鍵，而且與另外兩項環環相扣。現在你更理解銷售和用字遣詞的重要性，該來一一探究提問的流程了。

建立關係的提問

建立關係是創造良好第一印象的關鍵，同時也把焦點放在潛在客戶身上。透過這些提問，你與對方建立情感連結，這是九九%的銷售業務夢寐以求的。注意調性和節奏上的明顯差異，並留意銷售對話一開始就使用的三個非常強大的「建立關係的提問」，這會立即吸引潛在客戶，就像妮可・基嫚或凱特・溫斯蕾主演的HBO犯罪懸疑有限影集。

能從一開始就控制好對話，可以讓你更坦誠地面對潛在客戶，如此一來，你就能幫助引導銷售對話，爲他們達成合乎邏輯的結論。使用「建立關係的提問」，還有助於你樹立自己和你所代表公司的價值。

一旦了解什麼是「建立關係的提問」，以及使用的原因與時機後，就會更容易聚焦於潛在客戶，並建立信任感。這些問題猶如添加了大麻二酚（CBD，能緩解不適、焦慮）的小熊軟糖一樣，只要使用得當，就可以化解一開始講推銷話術注定會失敗的焦慮感。

現在我們來看看，如何使用「建立關係的提問」來開始銷售流程，以下範例同樣是當有人看到廣告後打電話給你，但這次針對的是保險公司。

潛在客戶：「我在網路上看到你們的廣告，所以打電話過來。可以請你跟我說明一下嗎？」

新模式的銷售業務：「喔，當然沒問題，如果你有興趣，我可以跟你詳細說明。不過我很好奇，你看到這則廣告時，是哪一點吸引你注意？」

這是第一個用來建立關係的問題。

爲什麼要問這個問題？其實有兩個原因。

第一，對方會跟你說原因，但更重要的是，這也是他們在告訴自己，爲什麼一開始會有興趣主動聯絡你。這是讓他們開始說服自己，願意全心聆聽你與你所提供服務的第一步。第二個原因是，你這時可以明白他們打電話來的原因，以及他們的需求。

潛在客戶：「我對……很好奇，還有……」

※當對方告訴你爲什麼回應廣告後，你接著再問一個「建立關係的提問」。

新模式的銷售業務：「還有其他吸引你注意的地方嗎？」

※這就是你的第二個「建立關係的提問」。

往往，對方會告訴你回應廣告的更多原因。現在你大致了解他們的情況，也開始看出可以銷售的跡象。繼續問下去。

新模式的銷售業務：「你知道自己想找什麼嗎？」

※這是你的第三個「建立關係的提問」。

接下來，你可以根據自己銷售的產品，提出一個「了解現狀的提問」。假設是賣壽險的，新模式的銷售業務與潛在客戶初步洽談時，可能會這樣問：**「請問，你現在**

保哪一種壽險？」或者是：「**我能不能請教現在你和家人有什麼樣的財務分配？**」

以下例子是與醫師初步接洽時的情境：

潛在客戶：「很高興認識你。我們同仁說你是什麼公司來著？這樣吧，我有點趕時間，能直接跟我說你賣什麼嗎？」

新模式的銷售業務：「我也很高興認識你。我在想，今天見面的原因，是不是你聽說過我們公司針對骨折處的新晶片，所以想了解詳情呢？」

潛在客戶：「不是，我沒聽過你剛說的這種產品，不過這倒引起我的好奇。」

新模式的銷售業務：「我看你很好奇，我想現在可以快速介紹一下DMW的晶片，因為你很忙碌。我只需要問你兩個簡短的問題，以免耽誤你的時間。這樣方便嗎？對了，我們是DMW公司，是『Don't Make It Worse!』（別惡化）的縮寫。」

現在，我們來看銷售業務爲了推企管教練服務，主動打電話給潛在客戶，以下是分別使用老方法和新模式的範例。

一般般的銷售業務：「妳好，請問是安妮嗎？安妮，我是XYZ公司的勞拉・克夫特。妳今天過得好嗎？太好了。嘿，現在方便撥兩分鐘談談嗎？」

潛在客戶：「喔，我沒時間。」

一般般的銷售業務：「是這樣啦，我看到妳昨天回覆了一則廣告，內容是要找教練指導妳達成更多交易，我是負責的專員，打電話來跟妳說明我們如何幫妳談成更多生意。什麼時間再打給妳比較方便？今天晚一點，還是明天？」

銷售業務這時候開始變得像在追著對方跑，給人印象會是怎樣？不過又是一個急於賣東西出去的推銷員。

潛在客戶：「明天再打來。」

一般般的銷售業務：「好，太好了。那麼，安妮，我就速速問妳一個問題。現在有哪兩個問題讓貴公司丟掉生意和金錢？」

潛在客戶：「我們生意做得很好。為什麼問這個？」

一般般的銷售業務：「是這樣的，我打來是因為我們的教練服務可以幫妳成交更多訂單，滿足妳的業務需求。其實，我們公司已經連續三年被客戶評選為全國第一的教練服務，而且……」

潛在客戶（打斷銷售業務）：「呃……我現在很忙，明天再打來吧。」

一般般的銷售業務：「好的好的，不過還是請問一下貴公司現在遇到哪兩個問題造成交易和金錢流失？如果我說現在能幫你們解決，妳是不是願意考慮一下，花幾分鐘跟我談談？」

注意看這名銷售業務不斷施壓，想讓潛在客戶講出兩個問題。此時，她施加的推銷壓力越來越大。

潛在客戶：「小姐妳好，我其實沒那麼多問題。」

一般般的銷售業務：「那妳為什麼會回覆我們的廣告？我有一個解決方案，可以幫妳跟進潛在客戶，讓公司做成更多生意，下一個月的業績就能翻三倍。妳什麼時候可以抽出十分鐘，讓我說明這套方案怎樣幫助貴公司？」

潛在客戶：「嗯，那下週看看吧。」

一般般的銷售業務：「好的，我可以安排在下週四的下午兩點，或者下週五的下午一點。」

這就是所謂的「嘗試性成交」技巧。每個銷售業務都用這招，這會讓潛在客戶覺得你強迫他們約時間談生意。

潛在客戶：「下週五下午一點可以。」

一般般的銷售業務：「好的，太好了。我知道妳一定會很喜歡我下週五介紹的資訊。我很期待，我們到時候聊。」

等到下週五下午一點，這個一般般的銷售業務只聽到轉到語音信箱，於是留下訊息，但潛在客戶再也沒有回電。吃驚嗎？這是意料之中的事吧！你遇過這種事嗎？

現在來看看新模式的專業銷售業務會如何打電話給潛在客戶，推銷針對教練業的服務。

新模式的銷售業務：「嗨，詹恩。我是ＸＹＺ教練公司的傑夫‧羅伯斯基。昨天你看來回應了一則廣告，提到可能需要外部輔導來拓展你的教練業務。我想應該先問一下，你找到需要的幫助了嗎？還是仍在尋求幫助來拓展你的業務？」

※「一定」要詢問，因爲如果對方已經找到幫助了，你會想事先知道。九九％的情況下，對方會說還沒有。

潛在客戶：「沒有，還沒找到。」

新模式的銷售業務：「了解，我只是很好奇，廣告的哪部分吸引你？」

※這樣問是讓對方回想自己爲什麼回應你的廣告。注意喔，對方講述自己回應原因時的說話對象不只是你，最重要的還有誰呢？他們也在說給「自己」聽。就是用這種方式讓對方說服自己，願意來了解你如何能幫上忙。接著，我們要來爲這次通話定調。

新模式的銷售業務：「這通電話的開頭部分，我們主要想先多了解你過去在拓展業務上採取哪些做法，以及你現在真正需要的是什麼，看看我們能否幫上忙。畢竟有些人，我們真的幫不上什麼忙。」

※現在，爲什麼要說結尾那句話呢？因爲它能讓潛在客户卸下戒心。當你說還不確定能不能幫忙，因爲有些人或公司你實在「幫不到」時，這會觸發對方的大腦，開始吸引他們對你產生興趣。

記得要仔細聆聽對方的回答，並做筆記。

新模式的銷售業務還可以問：**「那麼，你知道自己在尋找什麼嗎？」**或者：**「請問今天這通電話，你希望得到什麼呢？我這樣問只是想多了解一點。」**

無論你是打電話給潛在客戶、進行B2B銷售、陌生電銷或建立人脈，最重要的是，將焦點放在潛在客戶，而不是你個人的計畫。這時候，對方的需求才是你的計畫，所以聚焦在對方身上，你才能從一開始就釐清他們想要什麼，以及想要的原因。

現在該將對話帶到下一個階段了。在這個更深入的階段，你的提問是銷售對話的核心，也就是所謂的「了解現狀的提問」，這些問題也是你整個銷售對話的基礎。

了解現狀的提問

想要達成最終目標，我們必須先了解潛在客戶當前的處境、面臨的問題、問題的成因，以及這些問題對他們帶來什麼影響（他們有什麼感受）。在提出解決方案之前，必須先完成這一步，才能判斷能否幫上忙。除非了解潛在客戶的想法，以及他們目前是如何看待或對付我們產品也許能解決的處境，否則無法改變他們的想法。

你的潛在客戶有答案。在你的銷售問答冠軍賽中，他們就像益智問答節目《危險邊緣》的任何一個主持人。你要獲勝的方式，就是問對的問題，並給對方回答的時間。這樣他們還來不及中場休息之前，你就能拿下「致勝銷售策略，獎一千」的勝利。

現在來看看要怎樣打電話給索取資訊的人。我們會看到新模式的銷售業務如何聯繫那些已經收到資料，或是在公司網站瀏覽過資訊的潛在客戶。

大多數的銷售業務打這種電話時，會預設潛在客戶既然來索取資訊了，就代表有意購買。但你不會犯這麼簡單的錯誤，輕易做這種預設吧？你會保持冷靜、鎮定和中立，釐清自己是否能幫對方。

新模式的銷售業務：「嗨，瑪麗，我是XYZ公司的查理・肯恩。妳最近請我們寄送有關小企業主數位行銷策略的資訊，我打電話是想了解我們能否幫上忙。現在方便談嗎？」

潛在客戶：「可以，現在方便，我有幾分鐘能談。」

新模式的銷售業務：「或許我該先問一下，你們已經找到想要的方式了，還是仍在尋找方法來獲取更多適合的潛在客戶？」

你有沒有注意到，銷售業務在句子的結尾加入了潛在客戶回覆廣告的具體原因（在本例中是獲取更多有可能成交的潛在客戶）？你只需在結尾加入這項好處，效果立現！

這是你的第一個「建立關係的提問」，會像開瓶器一樣立即開啓對話，啵！現在要讓美酒接觸空氣了。你的提問是要確定對方還沒找到其他解決方案，或是已經與人簽訂契約了，因爲萬一他們已經做選擇，那遊戲就結束，不用浪費任何人的時間。但話說回來，既然他們才剛回應你的廣告，所以九九%的情況表示他們還在尋找方案。

新模式的銷售業務：「好，我好奇想知道你在看ＸＹＺ廣告時，是哪一點吸引你的注意力？」

這是你的第二個「建立關係的提問」，能讓對方回想自己爲什麼一開始會回應廣告，而且他們將原因說給你聽之外，還告訴了誰？他們也在告訴自己！這是讓他們說服自己願意讓你幫忙的第一步。切記，這不是《征服情海》裡那種「幫幫我，也幫幫你」的懇求對方配合情節，而是由你來幫助他們幫助自己。你懂意思嗎？

潛在客戶：「呃，我想我只是好奇你們做的事。我們現在已經有一家配合的公司在幫忙處理這方面的事情，所以我只是純粹好奇問問而已。」

新模式的銷售業務：「沒有關係。」

※「沒有關係」這句話是化解「對方已經有合作的公司」這類拒絕的簡單方法。

新模式的銷售業務：「好的，如果你有興趣，我可以簡單說明幾個重點。不過我想最好可以稍微了解一下貴公司與你們採用的方法，這樣才能判斷我們能否真的幫上忙。例如：你們用哪些行銷方式來吸引新的客群？」

※新模式的銷售業務提出幾個「了解現狀的提問」，目的是掌握對方的工作內容，進而判斷他們是否有任何問題是可以透過這名銷售業務提供的方案解決的。

潛在客戶：「我們有點擊式付費廣告、橫幅廣告，還有一些臉書廣告。」

新模式的銷售業務：「你們從事這類型的行銷已經多久了？」

銷售業務現在順利與潛在客戶進行雙向對話，並且讓對方參與其中。他們不再是那個硬要推銷東西的惹人厭業務員了。

打電話給潛在客戶的步驟

現在你已經看過一些範例，我們也討論過為什麼建立雙向對話這麼重要，以下再做一個簡要的總結，說明打電話給潛在客戶時該採取的步驟：

一、說明你是誰。

二、說明你所屬的公司或機構。

三、提到對方回應過的廣告，並提醒對方之前是他們主動請你聯繫的。

四、問問對方現在是否方便談。

五、講述顯而易見的事實，表明你沒有成見，例如：「我們的產品（或服務）不見得適用所有人。但這不是問題，重要的是，誰能從我們的產品或服務中受惠，而你現在可能還沒想到。是不是能繼續談下去，看看（我們的服務）能否幫上你的忙，這樣可以嗎？」

六、釐清對方的當前處境，並使用「建立關係的提問」和「了解現狀的提問」，詢問你有機會在哪方面提供協助。

你認爲，在銷售對話開始的時候，對你和潛在客戶來說，最常激起的情緒是什麼？在銷售上，往往會聯想到的情緒是焦慮和害怕。

「建立關係的提問」可以讓你將焦點放在潛在客戶身上，並建立信任，因爲這些問題能輕鬆消除焦慮和害怕。你再也不必煩惱該說什麼話，也不用刻意找出共同興趣來討論。閒聊讓人非常尷尬，也是現代人爲什麼傾向傳簡訊，而不是講電話。直接進入正題吧，準備好慶祝的表情符號啦！

現在讓我們進入銷售對談中關於「了解現狀」的部分。你的目標是聚焦於強而有力的共同連結。這時候，要向對方展現出你們的利益是一致的，因爲你關心的，也是他們在乎的事。你認爲他們最關心的是什麼？不用說也知道，當然是他們自己、他們的**現狀**，以及這個現狀對他們帶來什麼影響，也就是他們的問題所在。

提出這些問題能讓你對自己銷售的產品感到自在和自信。潛在客戶會感受到你的自信，也會放心和你互動。記住，把焦點放在潛在客戶時，你的焦慮感可以減輕。這些提問也爲你整個銷售對話鋪路，讓你可以繼續提出高明的提問。透過掌握提出特定問題的時機，你就會知道要聆聽什麼資訊，也會明白何時與如何提出你的解決方案。

對方會質疑爲什麼他們讓自己甘於忍受這種現狀。接著，他們會開始思考該做什麼事來改變自己的處境。當潛在客戶因爲你高明的提問技巧到達這個階段時，就會開始說服自己已預備好做出改變，而且是**此時此刻**，不是等到半年後或一年之後。

你的提問會在潛在客戶心中引發更多問題，讓他們意識到自己原本都未察覺到的問題和困擾，進而讓他們可能會說出：「噢，我之前完全沒想到我們竟然有這些問題。我們必須解決這些問題，因爲解決之後，我的處境會變得更好。但如果不解決，我會繼續處於現在的狀態。」接著他們就準備好聽取你如何協助解決這些問題。

一般來說，「了解現狀的提問」不要連續問超過三至四個。如果問太多，潛在客戶也許會覺得你是在審問他們，猶如深入探討美國眞實犯罪故事的節目《日界線》裡的警察一樣。不同的是，潛在客戶隨時可以走人，而你可不是希望如此。雖然「了解現狀的提問」往往會比較枯燥，也缺乏情感，但它們依然是不可或缺的。

這些提問幫助你了解對方的當前處境、目前正在做的事，以及他們過去有過哪些作爲。你獲得的答案多半是一些事實性的資訊。

了解現狀的提問運用在不同行業的範例

無論你銷售的是什麼，了解現狀的提問適用於任何行業。以下提供幾個範例：

網路行銷

在網路行銷中，你的目標最可能是募集人手加入你的銷售組織。以下是幾個你能問的問題：「**那麼，約翰，你目前是做什麼工作的？**」或者「**你從事哪方面的工作？**」接下來問：「**你從事這類工作多久了？**」

如果你的潛在客戶是企業主，可以問：「**你經營這類型的生意多久了？**」

如果你的潛在客戶已經退休，可以問：「**退休多久了？你退休之前是做哪一行？**」

接下來可以再追加一個「了解現狀的提問」：「**你走這一行的原因是什麼？**」或是：「**你怎麼會投入這類工作？**」

金融服務

假設你的潛在客戶是高淨值人士，你可以問：「**請問一下，你現在的投資組合是**

如何分配？」「你把資金分配到這類投資多久了？」「我很好奇，你怎麼會開始做這類的投資？」

賣汽車

你可以問：「請教一下，茱莉，妳現在開哪一款的車？」「妳這輛車開多久了？」「我很好奇妳幾年前爲什麼會買這輛車？」

賣壽險

你可以問：「請問你在哪家公司投保？」「你跟這家公司買哪種保單？」「我好奇你爲什麼會選這家公司／這一款的保單？」「萬一你不幸過世，你目前在財務上爲家人安排什麼保障？」「好的，你在這家公司投保多久？」「可以請問一下，你當初爲什麼選這家公司，而不是其他公司？」

B2B醫療銷售

如果你從事B2B醫療銷售，傑瑞對於與醫師往來有他自己的一套方法。我們來看看：

我可以請教你一個問題嗎？我知道每家醫療處所都不一樣，但在你的醫院有沒有發現，很多腿骨折要穿護具的病患必須有人叮嚀，甚至可能需要特別嚴厲要求他們一定得遵從醫囑穿好護具，以免骨折部位更嚴重？

醫師，我很好奇，根據你的經驗，這些病患不配合醫囑，對他們的傷勢會帶來多嚴重的問題？

你推估，像這樣的病患你一個月在診間會見到多少次？

醫師，既然這種挑戰對病患的復原造成很不良的影響，你通常怎麼處理病患不配合醫囑穿護具的問題呢？

你看懂了嗎？雖然這樣的提問稱不上能提起什麼興致，但相當直截了當。對方當前的處境，你會有概念，進而了解他們的立場，然後再進一步探究他們想改變的可能原因。

選擇始終以潛在客戶爲重點，會帶給你競爭優勢。我們說的不是探問他們的私生活、有幾個小孩之類的問題。我們的意思是，聚焦於釐清他們工作遇到的問題、造成這些問題的原因與帶來的影響。

「建立關係的提問」能讓你將重點轉移到潛在客戶身上，並建立信任感，同時輕鬆化解他們的焦慮和害怕。這也直接引導我們進入對話力量的下一階段。準備好了沒？接下來要說的可不簡單，我們要開始深入互動了！

下一章中，我們會深入探究「互動」階段，包含覺察問題、覺察解決方案、探索後果、篩選條件，以及深入與釐清的提問，讓你更接近承諾階段。而且，即使是那些對承諾極度恐懼的人，也有可能被新模式的技巧打動——才不會像你兄弟會的朋友三十年來堅持單身，害怕承諾。

第九章

互動階段

客戶不在意你用什麼政策。
找出並滿足需求，告訴客戶你能做什麼。
——愛麗絲・塞薩・波普（Alice Sesay Pope），客戶體驗專家

比起過往，我們這些銷售業務現在與潛在客戶的互動，更需要把他們當成一個又一個獨立的人，而且是活生生的人，不是數字。只有這樣，才能往下談我們的解決方案。這點不僅適用於與潛在客戶的銷售對話，在廣告和行銷活動中也一樣。

互動階段是NEPQ新銷售模式的核心。這是銷售流程中達成交易的階段，占整個流程中的八五%。你會注意到，客戶會爲你買單（附帶說一下，這與「收買客戶」完全不同喔），首先是根據你的聆聽、理解，然後是在對話中拿捏對的時機，提出對的問題。

你的目標是幫助他們找出問題所在（如果有的話）、導致這些問題的因素（尤其是根本原因），以及最重要的是，這些問題如何

影響到對方和他們接觸的客戶。此外，你現在已經知道，這所有問題都可以透過提問來挖掘。現在，既然你和潛在客戶進入互動階段，就該開始探索潛在客戶最深層、祕而不宣的工作困境——當然，要有策略地進行。

覺察問題的提問

提出「覺察問題的提問」，能更幫助你和潛在客戶探索他們遇到何種挑戰，以及這些問題如何影響他們。

他們在回答這些問題時，你會像擁有自己的銷售導航系統，透過詳細路線圖了解他們如何走到現在的處境，以及沿路上的顛簸、隱藏挑戰和事故。你會明白他們的問題是什麼、問題的源頭，以及這些問題帶來哪些效應。

你什麼時候要問他們？在問完兩到三個「了解現狀的提問」之後，你就能開始進行「覺察問題的提問」。首先一定要問他們是否對目前的情況滿意。當然，在B2B銷售情境中，例如：輪胎製造商賣輪胎給汽車製造商，或是批發商要把產品賣給零售商，這個提問的陳述方式會略有不同，但從以下例子中，你會理解大致的概念：

- **汽車銷售業：**「那麼，約翰，你喜歡現在的這輛車嗎？」
- **壽險業：**「那麼，瑪莉，妳喜歡現在的保單嗎？」
- **房地產業：**「那麼，艾力克斯，你喜歡現在住的房子嗎？」
- **網路行銷業／徵才代理商：**「那麼，詹恩，你喜歡現在的工作嗎？」
- **金融服務業：**「那麼，貝瑞，你喜歡現在的投資組合嗎？」
- **減重服務業：**「那麼，德魯，你喜歡現在實行的飲食計畫嗎？」
- **醫療業：**「那麼，醫生，腿骨折的病患自作主張，不按照醫囑穿護具，你又沒有即時發現，這是你樂見的情況嗎？」

上述醫療業的例子，還可以這樣問：「你希望病患能在你不知情的狀況下脫掉護具嗎？」當對方回覆「當然不希望！」時，你就問他 NEPQ 的探究性提問，例如：「爲什麼呢？」「知道他們有沒有脫掉護具，爲什麼對你這麼重要？」

看懂問法了嗎？你只是提出問題來了解對方是否滿意現在擁有的、正在使用或正在做的事。答案沒有對錯。無論對方說喜歡或不喜歡現有的東西，只要順著他們對你的提問給出的回答，跟隨他們引導出的方向繼續對話即可。

同樣重要的是，了解他們喜歡現有的供應商、服務、產品或職務的哪些方面，因為你必須明白他們現在會使用這些服務或東西，究竟是看重了哪些特點，這樣才能判斷自己的解決方案是否也能符合對方的需求。

另一方面，要是在銷售對話中聽到他們不喜歡現有的產品或服務，那你就要探索他們不滿意之處和原因，以及這些問題造成的影響。最重要的是，在提問時保持中立，對他們喜歡和不喜歡的兩方面一定要展現同樣的興趣。

「覺察問題的提問」好處多不勝數：

一、這些提問鼓勵潛在客戶分享他們的意見、情緒、感受和擔憂。他們會對你感到安心、信任，並覺得可以敞開心扉。

二、這些提問鼓勵潛在客戶分享自己的喜好與厭惡，以及他們的問題帶來的影響。

三、這些提問讓你和潛在客戶雙方都能看清他們的問題所在、問題的起因，以及為什麼改變對他們這麼重要。

四、這些提問讓你看起來極爲聰明、專業和考慮周到。你不僅會成爲受信賴的專家，還是潛在客戶心目中可靠的權威。此外，還可以與對方建立寶貴的情感連結，這種連結不是靠亞馬遜 Prime 會員的兩日內免運送達就能買到的。

五、當大多數銷售業務只關注事實時，你卻能捕捉到他們的情緒和感受。你會獲得一切，甚至超出自己的預期。你就是新銷售模式的強者。

把陳述句變成問句

專業訣竅：**與其提出陳述，不如把陳述化爲問句。**

現今買家受到資訊轟炸，所以把陳述變成問題，絕對必要。遇到有疑慮的潛在客戶時，不要一下子就將疑慮當成是反對意見。你反倒要透過提出問題，全盤了解對方的顧慮，並幫助他們自己說服自己必須做出改變。

把陳述轉換成問題很簡單，又可以讓潛在客戶對你的想法抱持開放態度，同時幫助他們克服自身的疑慮。你可以把這當成是一石多鳥。

那要怎麼做到呢？首先，不要把它和《今日心理學》所說的「上揚的問句語調」搞混。上揚的問句語調是在陳述句的結尾語調上揚，讓它聽起來像是疑問句，但實際上這根本不是疑問句（可以在 YouTube 上找卡戴珊的影片，就會知道我們的意思）。我們這裡談的是用**「假如說……呢？」「關於……你覺得如何？」「你是否認爲……呢？」「可以的話……」**來做陳述。

這樣陳述的時候，你就能用問題的方式來提出建議。例如：**「假如說這不是你想的那樣呢？你願不願意換個角度來看這件事？」**或是：**「假如你可以立刻知道腿嚴重骨折的病患是否已經好幾天沒穿護具呢？你會想想看這樣的可能性嗎？」**

再來一個專業訣竅：記得**「不要」**直接對潛在客戶說你知道什麼，以及你擁有什麼能力、產品或服務。要做的是先提出問題，挖掘和探索**他們**對該主題有哪些認識。

打牌時，如果立刻亮出底牌，可能會讓你處於劣勢。同樣的道理也適用於立刻向潛在客戶亮出你的解決方案。如果這樣做，下場很可能是客戶覺得這個問題和解決方案都是你的事，與他們無關。這會讓潛在客戶因爲沒有參與過程，結果對於「這是我們共同解決的問題」的認同感大幅降低。這種方法的說服力也會大打折扣。

當潛在客戶開始聆聽自己回答你的問題時，可以觀察會發生什麼事。他們在說話的同時，也開始在消化這些資訊。他們的回答會幫助自己思索問題，進而認同自己希望改善這些問題的想法。

在潛在客戶有意識和無意識地將對你說的話內化時，那些回答也會促使他們審視和挑戰自身的信念，進而了解爲什麼他們會容忍現狀持續下去。

你發問，對方說出自己的問題、問題的源頭，以及改變這些問題對他們的重要性，然後他們就會自己開始想著：

- 我怎麼遲遲不幫家人保壽險呢？
- 我為什麼一直委託這家公司進行投資？
- 或許我該看看這個業務員跟我說的事……說不定我可以賺到更高的報酬率？」
- 奇怪，我為什麼要每天通勤一小時上班？我不是明明可以跟這個人一樣在家工作嗎？
- 天啊，我明明可以吸引更多可能成交的潛在客戶，增加銷售團隊業績，為什麼還要用這種方式宣傳業務？

例子舉都舉不完，但重點在於，潛在客戶會不斷去質疑自己，問著：「**什麼事讓我沒這麼做？**」或是：「**我爲了什麼而裹足不前？**」他們會質疑自己爲什麼停留在同樣的處境中，然後，喔耶，他們就會開始思考要「**實行**」一些事來改變狀況。

因爲「**你的**」提問技巧，讓潛在客戶到了這個階段時，他們會開始說服自己，認爲今天就該做出改變。你成功提升銷售過程的層次，將潛在客戶帶到你和他們期望的地方了。恭喜！

如果潛在客戶在你的提問下，自己決定買下那輛漂亮又昂貴的紅色車子，你覺得，這有沒有比你直接告訴他們爲什麼該買那輛車更有說服力呢？（當然，舉這個例子，是開個玩笑。）因爲動機不是外在強加的，所以潛在客戶會覺得這個決定很自然，而且認爲這是自己的主意。

兩個眞相並存

當潛在客戶跟你說很滿意當前配合的公司、使用的產品或服務時，會發生什麼事呢？你可能立刻覺得氣餒，因爲本來期望聽到他們開始數落一番，例如：這些產品或服務很討厭、爛透了、比加油站壽司還差之類的。但不要擔心。

所幸，對方很愛現有的東西也不成問題。因爲對自己擁有或使用的東西，大多數人會同時存在兩個眞相（two truths）——滿意與不滿兩種矛盾的感受，幾乎沒有人會百分之百喜愛或討厭。一定會有他們不滿意或想改善的地方。所以我們是要說每個人內心都住著一個愛抱怨的人嗎？不是啦。因爲比起叫經理出來，潛在客戶只是想向你尋求解決方案。

如果潛在客戶說很滿意現在配合的供應商，你的化解的方式可以這麼問：「**聽起來你的狀況相當順利。如果有機會，你有沒有想改變什麼結果？**」

或者如果你處於更複雜的銷售環境，可以換個方法來問：「**能不能請教，當初選擇這家公司**（**當前的配合廠商**），**考量標準是什麼？**」

讓**他們**來告訴你。接著問這個問題：「**考量現在的需求，有哪些標準已經改變了？**」這個提問讓你看到與理解，他們當前的處境與當初選擇該廠商合作時有何不同。這就像開啓一道門，讓你能釐清和深入提問，並幫他們找出原本沒想過的問題。

這就是挖掘「**眞實**」現狀的公式，只需根據你的銷售內容調整即可。

如果在對的時間提出這個問題，他們會推翻剛才說的話。新模式的銷售業務明白，第一次的回答通常反映出的是他們「用來自我保護的過去」，而第二個答案挖掘出他們**「希望」**能達成的目標。你就是來幫忙實現這個願望的。

我們來看看潛在客戶表示喜歡當前的供應商，也滿意其服務時，一般般的銷售業務和新模式的銷售業務如何回應。

潛在客戶：「我真的很喜歡現在合作的公司。保費很優惠，保障範圍又很好。」

一般般的銷售業務：「嗯嗯，我知道你的感受。我頭一次見到其他客戶時，他們也有過同樣的感覺，但他們後來發現我們公司給的保險更好。」

對現在的消費者使用3F成交法——現在的感受、以前的感受、後來的發現，已經不管用了，這種舊推銷技巧都用到爛啦，根本停留在上個世紀。你的潛在客戶遇到的每一名銷售業務，都對他們用過這招，所以會自動觸發銷售壓力和抗拒心理。他們不吃這套了，甚至會覺得你跟其他人沒什麼兩樣。學會「**避免**」這些舊方法，讓他們另眼相待吧。

一般般的銷售業務：「如果能讓我向你說明，我們公司的保險為什麼優於你目前合作的公司，那你換一家對自己有利的投保公司，應該是明智的決定吧？」

※「如果能讓我向你說明」這樣的說法，會讓銷售業務肩負證明自己產品更厲害的壓力，而潛在客户也會因爲你的這種表達方式感受到推銷壓力。有趣的是，銷售業務自己同樣可能感受到這股推銷壓力，進而讓整個對話變得很尷尬。

潛在客戶：「我老婆今晚會在家，我會和她談談你們提供的服務。這星期晚一點再回電給你。不然你給我說明手冊好了，如果她有興趣，我再回電給你，好嗎？」

一般般的銷售業務：「嗯……她不會希望家人有更好的保險費率嗎？這樣吧，我等等打電話給經理，看他能否讓你降點費用。如果我能爭取到一些折扣，你現在可以做決定嗎？因為過了今天，這檔促銷活動就結束了。」

※在這個後信任時代，你眞的認爲，「我跟經理談談看看」的招數還管用嗎？現今，

就只有那些愛發牢騷的人才會找經理談，你和潛在客户都心知肚明。你覺得潛在客户會不會感受到銷售業務施加的推銷壓力？會呀！然後會怎樣？他們會反感、關上門、掛掉電話，或者離開會議。無論是哪種情況，這筆交易已經泡湯了。

潛在客戶：「我說過了，我要先跟老婆商量。祝你有個美好的夜晚。」（啪！潛在客戶掛斷電話。客戶，再見！交易，再見！大家再來都不會見！）

接下來看看新模式的銷售業務對於滿意當前產品或服務的潛在客戶，他們的回應方式：

潛在客戶：「喔，我真的很喜歡現在配合的公司。他們對我們的服務真棒。」

新模式的銷售業務：「沒問題。只是很好奇你喜歡他們哪些地方？」

潛在客戶：「我喜歡他們……的方式。」

新模式的銷售業務：「還有喜歡他們其他方面嗎？」

潛在客戶：「有，他們的……做得很棒。」

新模式的銷售業務：「這樣聽起來，你們的合作很順利。如果可以的話，你希望對現有配合的廠商和財務保障做哪些改變嗎？」

你會發現，當你在對話中適時提出這個問題時，九九%的情況下，他們會說出跟先前完全不同的內容。你會知道他們不喜歡之處，以及希望改變的事。

現在這個例子中，假設你是在一個更複雜的B2B銷售環境中，要銷售某種裝備給公司，你問了讓對方表達對現有產品或服務滿意和不滿的「兩個眞相問題」（two truths questions）。看看對方怎麼回應：

潛在客戶：「喔，我們是滿意的。但是最近，我們注意到他們的月費上漲了二二%左右，這讓我們有些人覺得擔憂。」

新模式的銷售業務：「你說的擔憂是指什麼呢？」

潛在客戶：「喔，就是呀，我們這邊正在砍掉一些開銷。」

新模式的銷售業務：「如果可以的話，你還希望他們能為貴公司做什麼改變？」

潛在客戶：「嗯，還有一件事，他們在供應鏈方面速度慢很多，有時我們好幾天都沒收到他們的消息。」

你看出這裡有兩個眞相嗎？他們剛剛跟你說了幾件不滿意的事，並希望改變。這可能是潛在客戶做出改變的轉捩點。接下來，你可以繼續詢問他們與這些問題有關的更多細節，像是爲什麼遇到這些問題、這些問題對他們和公司帶來什麼影響，以及改變現狀對他們的重要性。繼續加油，你正朝銷售的康莊大道邁進。

深入、探索後果及釐清性的提問

一旦潛在客戶對你透露出自己的問題，接下來透過提出深入、探索後果及釐清性的提問，可以讓潛在客戶自在地重新回顧這些問題對他們造成的效應。這樣能讓他們細數這些問題的經過與痛苦。雖然你不希望引發他們的創傷後壓力症候群，但確實希望他們能清楚意識到自己的問題其實有多嚴重。

深入的提問

深入的提問是請潛在客戶詳細闡述，並帶出他們的情緒和感受。沒有在對的時機提出深入的提問時，就無法引發潛在客戶的情緒，這樣他們就不認爲有必要改變。

以下是幾個適合的好提問：

- **這種情況持續多久了？**
- **這對你有什麼影響？**
- **怎麼說呢？**
- **這給你最大的困擾是什麼？**
- **這讓你陷入多艱難的處境？**

深入的提問優點在於，它們在這個對話階段非常關鍵，而且不會侵犯潛在客戶的隱私，因爲是他們主動吐露心聲，把你視爲值得信賴的知己或顧問。

專業訣竅：不是每個深入的提問都必須使用問句。畢竟這又不是益智問答節目。

你可以陳述自己的感想，例如：「我覺得可能你對×××（在此填入問題）感到很挫敗。」用各種方式引導潛在客戶表達出自己的挫敗感和感受。只要這麼做就夠了。

釐清性的提問

釐清性的提問讓你和潛在客戶更深入談論事情，這會比他們告訴普通銷售業務的內容更有深度。這是技高一籌的銷售法。使用這些提問時，你會發現潛在客戶的需求散發出強烈的緊迫感。依據他們對提問的回答，你會發現，有些問題不僅僅是滿足客戶的基本要求，而是**「迫切需要」**得到解決。這種迫切需要就變得與潛在客戶緊密相關。他們會對自己的問題扛起責任。現在你們雙方有了共識，並決定要解決他們的問題。你正蓄勢待發，這就來吧。

以下是幾個釐清性的提問範例：

- **請問你為什麼這麼說？**
- **你這麼說是什麼意思？**
- **這件事怎麼說？**

- 當你說了……究竟是什麼意思？
- 你對這件事有什麼感受？
- 請問你為什麼會這樣期望呢？

重要的是要意識到，從潛在客戶那裡得到你最初提問的回答時，通常都只是表面回答，並非眞正的答案。所以，如果你直接照單全收，並繼續對話時，就會錯失眞正的問題所在。這是導致你流失很多銷售機會的重大原因，因爲提問只觸及表面，沒有深入。新模式的銷售業務會深入挖掘，甚至發現潛在客戶原先根本不曉得的層面——還可能在挖掘過程中找到失蹤人口，夠深入吧。

一旦把技巧練到爐火純青，你在銷售工作上賺到的收入會達到顚峰。這樣還沒辦法激勵你的話，那我們還眞不知道什麼才能了。

以下更多提問能用來引發對方情感，並繼續剖析問題的更多層面：

- 能不能多跟我說說……？
- 能不能把這點講詳細一點？

・我不太懂，能講解一下嗎？
・你的伴侶／主管對這件事有什麼想法？
・為什麼會這麼說？
・為什麼選在現在呢？
・還有什麼事情是我也該了解的？
・你為什麼還是有這種感覺？
・所以你的意思是說……？
・你能幫我更了解……嗎？

潛在客戶可能會回覆：「**這會牽涉到很多問題……**」或「**我一直困在這種處境**」，銷售業務這時就可以用釐清性的提問來追問，像是「**怎麼說？**」或是「**你說的困住是指什麼呢？**」。

以下是在度假飯店負責會議籌備的銷售業務與潛在客戶的對話。潛在客戶想爲公司年會挑選出適合的度假飯店。

潛在客戶：「過去，我們選的度假飯店遇到了入住和晚宴服務的問題。」

新模式的銷售業務：「你指的是什麼呢，能再解釋一下嗎？」

潛在客戶：「問題主要在時間安排上。我沒辦法讓所有員工在下午兩點半到五點之間搭飛機抵達，然後辦理入住，接著又趕在晚上六點半歡迎酒會前準備好。其實我們需要有些房間能在中午十二點或下午一點之前預備好。員工到了入住櫃台，發現房間還沒預備好會不高興。」

新模式的銷售業務：「能不能請你說說發生這種情況，對你造成什麼影響？」

潛在客戶：「喔，大家會開始打電話給我，然後老闆就會『噹』我。幾個月前就發生過，我本來還以為會丟掉飯碗。」

新模式的銷售業務：「你對這件事有什麼感覺？」

潛在客戶：「怎麼說都是糟透了。我有家庭要顧，不能丟掉工作。」

新模式的銷售業務：「所以你很在意要搞定這件事？」

潛在客戶：「喔，比你想的更在意。」

新模式的銷售業務：「你還提到擔心晚宴服務。能跟我說詳細點嗎？」

潛在客戶：「我們通常在歡迎酒會上有五百多人。通常，最後八到十桌吃的都是冷掉的菜。這讓那幾桌的人很不高興。」

新模式的銷售業務：「這情況對你會造成影響？」

潛在客戶：「會呀。我接下來就要進入緊急模式，想辦法安撫他們，但我這時本來應該要專注於晚宴後的活動。」

新模式的銷售業務：「了解。那麼，還有什麼其他疑慮嗎？」

潛在客戶：「沒有其他疑慮了。我們只要確保活動計畫周詳，然後能順利執行。」

新模式的銷售業務：「你願意的話，我能介紹我們飯店的作業方式如何依照你們的時間表做調整。這樣能幫你減輕一些壓力嗎？」

潛在客戶：「哇，一定可以的。什麼時候談？」

鏘鏘！你做成生意了，就算其他度假飯店也能滿足這名潛在客戶的需求。爲什麼呢？每家飯店的銷售業務都聽這名潛在客戶說明需求的相關事實，我們都知道其他所有銷售業務嘴上都說他們可以滿足需求，並保證那些問題在他們的飯店不會發生，對吧？每個銷售業務都這樣打包票。因此潛在客戶對這些承諾產生質疑，因爲這種保證聽到太多次了。

然而，這名潛在客戶的需求所引發的感受和情緒，只有你這位新模式的銷售業務眞正聽到了。潛在客戶採買是根據邏輯（事實），還是情感（感受）？我們知道他們是出於情感做決策，再以邏輯合理化該決策。

在這個度假飯店的案例中，銷售業務聽了潛在客戶問題的相關事實，並沒有急著提出立即的解決方案。新模式的銷售業務會聆聽並提出有目標的深入提問，挖掘出這位潛在客戶的情感層面。

覺察解決方案的提問

一旦提出適當的覺察問題的提問、深入的提問，以及釐清性的提問，會讓潛在客戶知道，你與其他銷售業務完全不同。比起其他搔不著癢處的競爭對手，你是深入挖掘的銷售專家。這下你已經成爲潛在客戶眼中值得信賴的權威，再來就該全面展開探查，就像福爾摩斯一樣，設法弄清楚潛在客戶對於自己尋求的事究竟了解多少。

當然，潛在客戶一定比其他人更清楚自己的事。他們知道自己領域的樣貌，以及事情是如何發展到現今的局面。然而，他們可能不完全了解你的產品或服務如何融入他們的領域，也可能不知道如何把過去和未來連結在一起。

你需要幫助潛在客戶理出過去和現在情況的頭緒。一九〇二年，《叢林奇譚》作者吉卜林曾說：「我有六個忠實的僕人（我知道的一切都是他們教的）。他們的名字是：什麼（What）、為什麼（Why）、何時（When）、如何（How）、哪裡（Where），以及誰（Who）。」吉卜林認為，從這六個提問得到的答案為他提供實用的敘事。他在四十二歲拿到諾貝爾文學獎，至今仍是史上最年輕的得主。真不是蓋的。回來看看這幾個提問。

同樣這些提問，今日也能用於潛在客戶身上，了解他們做了什麼事來改變現狀，以及更重要的是，讓他們發現如果問題解決了，可以向前邁進時，會有什麼感受。潛在客戶給出的回答，有助他們在有意識和潛意識中認清，採取行動才能真正改變現狀，並解決自己的問題。在聽自己說出的話時，他們會開始感受到改變現狀帶來的好處。我們稱之為他們的**「目標狀態」**。一旦他們透過你的提問看到自己存在的問題，並最終解決這些問題，達到他們想要的成果，這就是他們未來的樣子。很棒吧？你也在這個自我發現當中感到欣喜，但別急著慶祝啊，還不需要準備加冰塊的香檳。

這是你覺察解決方案的提問所蘊含的力量。這些提問幫助潛在客戶自己想出解決方案，而不是由你來告訴他們如何解決。在流程中的簡報階段，你會有機會提出解決方案，並說明你要怎麼協助，但還不是現在。

使用傳統推銷法的業務員會認爲，因爲他們對自己的產品或服務了解得很透徹，因此必須迅速向潛在客戶證明這一點，才顯得聰明。但可別這麼心急。

在對話過程中，太早向潛在客戶亮出你懂的事，會讓你錯過挖掘潛在客戶實際知道哪些事的機會。過早亮牌是新手級錯誤。關鍵是要運用你的能力提出高明的問題，而不是告訴潛在客戶你懂什麼。**說明，不等於成交**。這太重要了，把這些話拿去音效處理算了。千萬不要因爲自己想說明，結果害潛在客戶無法跟你說他們尋求的答案。

在銷售對話中，任何時候都能提出「覺察解決方案的提問」，這些提問有好幾種形式，且可用於不同情境。

以下是兩個基本版本：

一、爲了改變現狀，你目前採取哪些行動？

二、可以的話，你想怎麼做？

你要明白，很多潛在客戶在尋求能解決問題的方法。他們可能已經探索過不同做法，但沒有找到有效的，或是試過其他辦法，但未能滿足他們的需求。要了解他們是不是做過什麼事，你可以用以下的提問做其他變化：

- **你有沒有找過什麼辦法來達到你的需求？**

你所要做的是插入他們所說的尋求目標和期望結果。這個例子，假設你賣的是金融服務：

- **約翰，在我們開始談之前，你先前有沒有找過比你現在投資報酬率更高的投資標的？**
- **你之前試過做什麼事來獲得更高的投資報酬率？**

以下範例中，你賣的是加盟權，而艾咪已經跟你說她希望做收入比現在工作更高的生意：

- **艾咪，在找到我們 XYZ 公司之前，妳有沒有找過能夠比現在賺更多錢的生意？**
- **妳之前做了什麼來尋找自己要做的生意？**
- **妳有沒有試過任何改變？**

再舉一例，假設你是賣保險的，而你的潛在客戶史都華已經買了保險。你在先前的提問中發現，他的太太對他施壓，要求他增加保額。你深入交談後，發現她年幼失去父親，而父親沒留什麼錢給她和母親，因此她很害怕重蹈覆轍。所以你可以問以下問題：

- **史都華，請問你過去做過什麼事來增加保障，這樣萬一你遭逢不幸時才能給家人更多財務保障？**

如果你的潛在客戶說他以前試過要解決問題，或是正在尋找解決方案，請他們講詳細一點。你必須更深入挖掘，才能成為銷售業界的頂尖好手。

詢問他們以前做過什麼來改變現狀時，可以問他們：怎麼會採用那家公司的服務（或產品）；哪些奏效與無效；如果有機會，他們想改變什麼；他們會用什麼標準衡量；他們是否願意嘗試別的做法，或者換個合作者。

模擬情境，化解疑慮

專業訣竅：在後信任時代，因爲客戶比以前更抱持質疑態度，他們甚至會擔心，一旦付錢取得解決方案後，你會讓他們失望。他們會問自己：「萬一這個產品或服務無法解決我的問題，怎麼辦？」

如果是這樣，你就要立刻使出我們所謂的「模擬情境的問題」（pretend questions），讓潛在客戶做出更小的決策，推動他們繼續進行購買過程。

以下是「模擬情境的問題」的發展過程：

・你想像自己的生活會和現在有什麼不同？

這是一個通用的提問，我們只需要將他們告訴你希望改變的部分套入，然後問：**「做這樣的改變後，對你來說有什麼不同？」**接著問：**「這樣會給你什麼感覺？」**

你正在學的這些高明提問，可以減輕潛在客戶的壓力，讓他們對你感到放心、自在。你提問的方式是以「讓我們模疑一下情境」的形式時，會讓潛在客戶更容易回答。也就是說，你回答什麼，其實並不重要，就只是用想像力來看待問題而已。這只是試著模擬，就像美國電視節目主持人羅傑斯先生說的：「模擬想像，不需要昂貴的玩具。」只要確保對話中應用以下三條規則來模擬就可以了：

模擬情境的規則一：使用條件句

讓決策變成條件句。你的問題可以是這樣的：「如果你決定開始進行這項計畫，那什麼時候要做？」也就是說，暫時模擬一下，想像你已經要做最終決策了。這種提問的前半叫做「導入」，後半則是會引出一個具體的決策，例如：

- **如果你決定進行……，那什麼時候要……？**
- **你會在哪裡……？**
- **你想選哪種……？**
- **你會需要多少……？**

模擬情境的問題最棒的地方在於：很好回答。為什麼？因為潛在客戶不會覺得有人施壓，也不會帶給他們風險。

模擬情境的規則二：去掉銷售業務的存在感

當然，要客氣地問，不要搞得像是《黑道家族》那樣。

一定要把「我」這個字拿掉，並把焦點放在對方和他們的世界。透過使用中性的語言，減少潛在客戶感受到的風險。

以下是「錯誤示範」：

- **假設我能讓你認同我提的投資機會很棒……**
- **我什麼時候能請你簽約？**

「我」或「我的」的用詞，會讓潛在客戶覺得你只顧自己，並不關心他們的需求，這很可能讓他們生起防備心，甚至完全不想和你往來。

試試這樣說：

- **如果有辦法讓你大幅增加報酬率，這是你可能想了解的嗎？**

模擬規則三：不要提公司和產品名

不要預設潛在客戶已經決定買單了。因此，記得不要在提問時講公司名和產品或服務名稱。發問時保持中立。

這裡同樣也給個「錯誤示範」：

．如果你選用我們的ＸＹＺ網路服務方案……

當你請潛在客戶做出「有條件的決策」，又提及你的公司或品牌的名稱，會讓對方覺得你預設他們會購買。這樣太過於自以爲是。提及自己公司或品牌的名稱會製造銷售壓力，尤其是在客戶已經使用其他家公司的產品／服務的情況，所以不要提。試試這樣講：

．假設你打算試試新的網路服務方案……

探索後果的提問

好的，你深入詢問、釐清細節，成功得了分（你幫助對方找出了問題），現在你的目標是要讓潛在客戶說出如果對於剛找出的問題什麼都不做，會發生什麼情況。這時候就要問：「假如說……呢？」

- **假如說你對這個問題什麼都不做，情況變得更糟呢？**
- **假如說你考慮的產品或服務，沒達到你期望的結果呢？**

你只是針對他們陳述自己遇到且想解決的問題，再對他們提出一個相關的問題，促進他們去思考置之不理可能產生的後果。

注意：一般般的銷售業務喜歡拿客戶的問題來操弄，強逼對方買產品或服務。新模式的銷售業務不會容許強逼的行爲。他們的目標不是強迫，而是要賦予客戶力量，讓他們明白自己有能力改變自身處境。

「探索後果的提問」在結構上可以有兩種形式：

一、藉由提問讓對方思考原本未察覺的問題

有時候，你在業界曾幫助客戶的經驗，能讓你看見他們可能尚未意識到的問題。比方說，假設有一名客戶正考慮不和你的公司合作，轉而選擇競爭對手。你可以像是這樣問：

- **你有沒有想過，如果換到另一家公司，還是沒得到你說過想要的成果呢？**

接下來繼續像這樣說：

- **如果有方法可以讓你得到想要的成果，又不必花功夫換公司，你願意考慮這個可能性嗎？**

再來，靜靜等待，讓**「對方」**思索並回應是否願意開啓一場對話，這樣就有機會介紹你如何幫助對方實現他們告訴過你的目標。

二、在提出幾個覺察解決方案的提問後，隨即問幾個問題

我們會在後文進一步討論這些問題。你的目標是讓對方想像，如果不主動採取行動，會發生什麼事。「探索後果的提問」有助於引發迫切感，讓他們盡快採取行動來解決現狀。

以下是這種形式的幾個範例：

- **你有沒有考慮過不去處理自己的處境可能會造成的後果？**
- **你有想過如果對這個問題不採取行動，會怎樣？**

有一個「探索後果的提問」，可說是五顆星等級，因爲它很有力，那就是問：**「如果你對這個問題什麼都不做，而且繼續在接下來三個月、六個月、甚至十二個月維持現狀，會發生什麼事？」**或者根據不同的產業，你可以在結尾加上**「五年、十年、甚**

至十五年以上」，強調對方問題的長期性。

以下列出更多強效的「探索後果的提問」：

- 如果你無法達到期望，對你會有什麼影響？
- 假如說這對你沒有用呢？
- 如果你對這件事沒有任何作為，會發生什麼事？
- 這會讓你感到擔憂嗎？
- 你有沒有想過毫無行動的後果？
- 如果說你失去……呢？
- 如果無法解決這個問題，對你個人會有什麼影響？
- 如果沒達成你期望的結果，會發生什麼事？
- 如果問題解決不了，你會有什麼感覺？

問問他們想找什麼、他們想要什麼——哪種產品、服務、特性、應用方式等等？問問他們想要取得多少數量或達到什麼程度。將他們對產品或服務的需求量化。

問問他們什麼時候要用到產品或服務，即啓用的籌備日、交付日、實施日，或是簽署合約的日期。

問問這個產品或服務會使用多久，或是多常使用。了解使用的頻率、持續時間、時間範圍等。

問問誰參與決策，以及誰使用產品或服務。

問問這個產品或服務要在何處交付或實際使用。地點是否會成爲對話的一部分？

篩選條件的提問

X世代讀者玩的賽車電玩《杆位》，在每場競賽開場時會說：「Prepare to qualify」（準備好進行資格賽）。雖然現在不是在賽車，但這就是你在對話中對潛在客戶進行資格審查的環節，主要涵蓋三個部分：

一、在銷售對話的開頭時（如果發現對方可能沒有資金與你做生意的線索）。

二、在銷售對話中。

三、在你提出解決方案之前。

你提出「篩選條件的提問」，有助於對方做出承諾。很多這類的問題會在無形中對他們進行條件篩選。對方的許多回答能讓你知道他們是否已經符合條件了。篩選條件的過程對潛在客戶的重要性，大過這個過程對你的重要，因爲這在他們心中強化與深植了做出改變現狀、選擇和你一起改變現狀的決定。

切記，你是帶領他們走過這段旅程的協助者。

事實：多數銷售業務因爲**「沒有」**篩選潛在客戶而浪費時間。然而，在篩選過程中需要掌握一個微妙的分寸，因爲如果太重視篩選，最終會趕跑很多客戶。

萬一，在交談剛開始，你發現潛在客戶的經濟狀況非常糟糕，你可能需要確認他們能不能獲取足夠資金來改善狀況。如果他們很明顯就是無法獲得資金，只會浪費彼此的時間，因爲現實情況就是你幫不上忙。

你可以像這樣提問：**「凱爾小姐，如果能找到符合妳目標的方式，妳會需要投入怎樣的資金？」**

有注意到，這樣的提問是如何把焦點從自己轉移到對方的嗎？現在是他們要來**「向你」**推銷了。看出差別了嗎？

現在，我們繼續談在銷售對話中要怎麼對潛在客戶篩選條件。

以下是這時候可以提的問題。這些是很輕鬆、中性的提問，目的是以巧妙方式促進他們朝你靠近。

- 但為什麼這件事情現在對你很重要？
- 做這件事會讓你有什麼感覺？
- 改變現狀對你重要嗎？
- 解決這件問題對你有多重要？
- 你覺得這件事對你和貴公司有什麼助益？
- 有哪些方式可以幫到你？
- 如果你可以……，對你個人有什麼影響？
- 你有多重視這件事情？
- 這是你在尋求的目標嗎？

‧你覺得這樣可以嗎？
‧你會認同這件事嗎？
‧這有可能對你有用嗎？
‧這適合你的狀況嗎？
‧這能否幫到你？
‧但為什麼呢？

你永遠不知道對話會往哪個方向發展，也無法預測對方透露訊息的順序，但你一定可以利用這些知識來引導對話。

用提問的方式可以爲你們雙方省下很多時間——尤其如果你必須出差去商談時。我們看過很多銷售業務浪費寶貴的時間，開車數小時去找潛在客戶，結果對方根本不符合購買解決方案的條件。想要有亮麗的銷售表現，就趕緊停止這種做法吧。

在踏上會耗費很多推銷時間的出差行程之前，你應該至少要先從潛在客戶那裡獲得一些小的承諾。以下列舉一些向潛在客戶提的「篩選條件的提問」，免得多浪費開車或搭飛機的交通時間。

潛在客戶：「你能來我們亞特蘭大的辦公室，為老闆展示一下產品嗎？」

新模式的銷售業務：「也許我可以排排看時間。不過，假設我真的去到你們辦公室，你也找來老闆和其他決策者，讓我當面展示產品，然後大家也發現我們公司可以解決你先前說過的問題，那你覺得接下來會是什麼情況呢？」

在這個時間點，你會得到以下其中一項答覆：

- **我們當然樂意跟你合作。**
- **我們要先請委員會／企業高層同意。**
- **我們要看看能不能爭取到預算。**
- **我們要跟目前配合的廠商比較看看。**
- **我不是很確定接下來會是什麼情況。**

如果你得到的是上述「**第一個回答**」，那就可以跑一趟去展示產品。

如果得到的是其餘回答，你不該投入時間和資源，因爲你無法控制的阻礙太多。

在前往見這名潛在客戶之前，你必須**「設法移除這些阻礙」**。移除這些阻礙，能讓你與潛在客戶面對面時，更容易獲得對方的承諾。

好，現在你們面對面了。我們來看一個範例，完整呈現這套提問順序的應用，先從「探索後果的提問」開始，然後「篩選條件的提問」，接著過渡到簡報，而且簡報也融入客戶所說的期望。

新模式的銷售業務：「艾力克斯，我能再問個問題嗎？」

潛在客戶：「好，請說。」

新模式的銷售業務：「我很不喜歡問你這個問題，因為我很喜歡聽你告訴我這些事，不過如果一切都沒改變，你有什麼打算？我是說，如果你在接下來兩、三年，客源開發結果還是都沒改善呢？」

※或者可以問：「假如說你置之不理，繼續讓銷售團隊得到的都是不太可能成交的客源，然後團隊在接下來三個月、六個月、甚至十二個月都停滯不前呢？」（在

此重複他們提到的問題。）

潛在客戶：「呃，我不確定，那我們想必是得砍掉擴展規模的規畫了。」

新模式的銷售業務：「你願意就這樣妥協嗎？」

潛在客戶：「喔，才不接受，必須做點什麼來處理這個問題才行。」

新模式的銷售業務：「對你來說，改變現狀，然後獲得更多優質客源，進而賺更多錢擴展公司，這有多重要？」

潛在客戶：「喔，非常重要。」

新模式的銷售業務：「但為什麼挑在這個時間點呢？」

潛在客戶：「我們必須認真看待這件事。我受不了我們一直配合的公司了……他們一直說情況會改善，但根本沒有。」

新模式的銷售業務：「這對你的公司帶來影響？」

潛在客戶：「當然有啊。我們想擴展，但沒有更好的客源，業績差，造成打擊。」

新模式的銷售業務：「或許該改變情況了？」

潛在客戶：「沒錯，一定要改。」

這就是**「過渡」**點。

在互動階段的尾聲，你已經問了對方一個有力又令人深思的「探索後果的提問」，接著要問「篩選條件的提問」，尤其對方在銷售對話中互動度不夠高時。反過來說，如果他們已經在給你的答覆當中多次顯示他們符合條件，你甚至根本不用問「篩選條件的提問」。所以要仔細聆聽。

互動階段會發生的五件事

使用互動階段的提問時，你會像用特寫鏡頭般，精準捕捉到對方的狀況，包括瑕疵、缺陷和問題等。這對你帶來什麼幫助？你會開始知道他們的回答所代表的意思，並可以針對他們的問題，提出你的解決方案有哪些適當的優點、特性和優勢，可以爲他們解決。

互動階段會發生的五件事：

一、開始建立信任感，最終強化雙方關係。

二、你會確切明白客戶在尋找什麼。

三、幫助潛在客戶思考自己的問題與想要什麼，也會讓他們自己說服自己，願意買下你的產品或服務來做出改變。在開始講接下來第四、五兩件事之前，對於這項改變，他們要願意跟誰一起實行這項改變？你！（答對囉）。做好這一點，會讓競爭對手無機可乘，因爲你現在是業界「受信賴的權威」，對方才不會想去找別人呢！

四、你會挖掘出他們的情緒，而這些情緒會成爲他們尋求解決方案背後的**「原因」**。要做到這一點，你可以透過提出與情緒相關或感受性的問題，然後再有策略性地帶入一些緊迫感，幫助潛在客戶向前邁進。

五、最後這一點也相當重要：透過篩選潛在客戶，了解你**「是否」**能幫到對方。你必須確定對方眞的想改變現狀，實現他們所說的需求。

使用新模式技巧時，你就能大幅排除反對意見和被拒絕的情況。然而，萬一還是遇到幾次反對意見或被拒絕，那可能是因爲你又回到舊的推銷模式。破除舊習慣很難，但在開始流失銷售機會後，你很快就會去改變這些習慣了。

如果你繼續使用傳統的推銷技巧，也就是過早在對話中介紹解決方案，或者講自家產品和公司有多棒，那你大多數時候會被拒絕。克制這種做法。或許你可以在手腕上戴條橡皮筋，如果還沒找出問題出處之前，你就開始回到推銷模式，拚命講自己的產品與介紹解決方案，就彈自己一下。這眞的有效，而且比起賞自己耳光，這樣也比較不會像神經病。

把以下這句話寫下來，放在辦公室前方讓你天天可以看到、用史努比的圖片來做成梗圖、以十字繡縫到你啤酒的瓶套上，或是做成汽車保險桿貼紙，哪種方法有用就選哪種，然後銘記在心：**「銷售是一門找到與解決問題的學問，方法就是：提出有技巧的問題，然後聆聽答案。」**

你的銷售對話應該要像和朋友輕鬆聊天一樣——差別在於，這段對話很重視技巧，而且是非常高明的技巧。總之，輕鬆又有技巧。我們這就進入到過渡和簡報階段吧！

第十章

過渡階段

製作好電影的關鍵在於：注意場景之間的轉換。
——史蒂芬·索德柏，電影《瞞天過海》導演

現在，你已經掌握了像《維基百科》般豐富的潛在客戶資訊，這正是銷售過程中最關鍵的時刻——預備好展示你的解決方案。但請記住，簡報在新銷售模式當中只占了一〇%。在這個階段，你會收到回饋，並配合他們所說的需求調整你的產品或服務。這時候，你會把他們的所有邏輯和情感需求整合成一個合理的銷售拼圖。這樣就能讓潛在客戶看到，你眞正了解他們想要什麼。

在提出「探索後果的提問」後，如果是一次性成交的銷售，你會立刻過渡到簡報階段。但如果是兩次性成交、多次性成交的銷售，或者是在更複雜的B2B銷售環境，仍然會需要進行過渡，不過是過渡到下一階段，包含進行產品示範、擬出提案，或是安排另一

場會談；具體取決於你的產業和銷售的產品而定。

你可以提出類似以下的問題，當成過渡時的陳述：

新模式的銷售業務：「艾力克斯，根據你剛才對我說的，我們XYZ客源開發公司提供的服務會適合你。就像你剛才提到的，你希望獲取更優質的客源，而你的銷售額降了三七%，因為現有的潛在客戶財務狀況不佳。這也讓你感覺……嗯，我記得你提到有時會感到有一點點壓力？」

咦，爲什麼要把他說的壓力輕描淡寫成「一點點壓力」？

因爲你的潛在客戶會反駁說：**「喔，不不，你不了解這造成的壓力有多大。」**這會讓他們更深刻感受到自己的痛處。你並不是想施加痛苦給對方，而是希望對方向你表達痛苦實際上有多嚴重，讓你可以出手幫忙緩解痛苦。懂這麼做的用意了嗎？

相反的，你要是說：**「這讓你壓力很大」**，有些性格類型的人就會生起防備心，並說出完全相反的話：「其實也沒那麼慘啦。」尤其，如果他們是不想讓自己看起來很軟弱的A型人格。

所以你一定要用委婉的語言，比如「一點點壓力」「有時感到一點點挫折」「有時稍微會擔心」，或者「有點焦慮」。看懂這樣的用法嗎？就是「有一點點」，對吧？

潛在客戶：「你說一點點壓力？你不曉得這壓力有多大，大到我現在晚上都睡不著覺了。」

新模式的銷售業務：「這對你造成什麼影響？」

潛在客戶：「我覺得自己好像心臟病快發作了，我老婆非常擔心。」

新模式的銷售業務：「了解，所以現在對你來說，做點什麼很重要吧？」

潛在客戶：「你說對了，老兄。」

新模式的銷售業務：「喔，你同意的話，我們XYZ公司所做的是⋯⋯」

現在來看你要怎樣過渡。記得要說：

- **根據你對我說的，我們的服務很可能真的適合你⋯⋯**
- **因為像你說的⋯⋯**

・……這讓你感覺……

・我們提供的服務是……

具體的例子如下：

艾咪，**根據妳對我說的，我們的服務很可能真的適合妳。因為像妳所說的**，妳想在更優質的社區找到住處。妳雖然喜歡現在住的房子，不過因為那一帶最近發生闖空門事件，**讓妳感覺**……我記得妳說過，有時候會**有一點點擔心**……

對話要圍繞在對方與解決他們的問題。

建構提案和簡報

現在，你已經讓潛在客戶的注意力集中在讓他們解決自己的問題，你必須確保自己的提案和簡報同樣能做到這一點，並採用一個無論你賣什麼都有效的三步驟結構。

就算你不是魔術師大衛・布萊恩或大衛・考伯菲，也能有效完成提案。這不是在變魔術，也絕對不是幻覺，而是完全眞實不假。好，如果你賣的是汽車、保險或居家保全系統，那可能不會爲潛在客戶做提案。這主要是針對更複雜的B2B銷售。一旦我們講完提案部分，就會介紹一個三步驟公式，讓你無論賣什麼，都能準備一場精采的簡報。

提案規則一：在不了解潛在客戶的問題，也沒有確認他們是否有預算／資助／金錢來解決問題之前，千萬不要給潛在客戶提案。

你一定要遵守這條規則，不能妥協。就算潛在客戶對你說：「能不能請你直接把包含收費標準的提案寄給我？」你也絕對不能破例。如果潛在客戶在通話一開始就跟你索取提案，可是你都還沒了解他們的情況時，你可以這樣回答：

我很樂意為你準備一份提案。不過，說實話，我還不太確定我們能否幫上忙。我能不能先針對你的情況提出幾個問題，才能為你準備一份也許有用的資訊？這樣好嗎？

接著，你就開始提出「了解現狀的提問」，進一步了解他們的當前狀況，就這麼簡單！

提案規則二：你的提案應該列出在銷售對話的互動階段中，潛在客戶告訴你的兩到三個問題。

這能提醒他們想解決的問題，並喚起他們從這些問題中感受到的痛苦。就是要他們重新體驗這種痛苦！唉唷，這樣很痛苦耶，我們知道。不過記得，這是他們本來的痛苦，不是你施加的痛苦。

提案也要包含對方公司想達成的兩到三個目標。或者如果你銷售的是更偏向B2C的產品，那就一定要包含他們個人希望在某些產業達成的目標。

這樣擬出的提案，可以呈現出銷售業務在對話中全心投入，也讓潛在客戶看見你徹底了解他們的處境，以及如何爲他們提供解決方法。聰明的做法，不是嗎？

這份提案重述了解決問題後，實現目標對潛在客戶的價値。

透過重述價値，有助於爲你的銷售提供來歷背景，讓解決方案的價格在潛在客戶看來相對微不足道，因爲它解決了拖住客戶的問題，幫他們達成目標。

你一定希望解決潛在客戶的問題並達成他們目標的價値，至少要是你提供方案報價的十倍。這可不是開玩笑，這眞的是無價。

對一家每年因爲問題損失一千五百萬美元營收的公司來說，你只要精準定位一個二十五萬美元的解決方案，這個費用對他們來說就相對是小錢。在簡報與提案過程中，與潛在客戶一起談論這個價値，他們就會覺得和你做生意是合理的下一步。另外，一定要爲他們提供不只一個達成目標的選項。

你發送的每一份提案，應該至少提供三個可以讓他們達成目標的選項。我們看過的大多數提案通常只給一個選項。這樣會錯失很多潛在客戶，因爲就算你問了最精準的問題，也不可能百分百讀懂潛在客戶的心思。這就是爲什麼提供三個與你公司合作的選項很重要。回想你在學期間，考試遇到選擇題總是比塡空題來得好，因爲答對的機率比較高。你的提案也是同樣道理。

- 選項一：基礎、低價的選項，仍可讓你公司獲利。
- 選項二：中等價位選項，是你的核心產品，大多數潛在客戶選的方案。
- 選項三：高價選項，是最頂級的選擇。

提供這幾個選項來安排提案，有助於潛在客戶做出資訊充足、深思熟慮後的決策。最頂級的選項厲害之處，不僅是為你的組織帶來高利潤，或者有些潛在客戶不會選擇此項，而是它讓中等價位的核心產品選項在潛在客戶看來像是超值優惠。這不僅可以讓你達到更多交易，還能大幅衝高業績。畢竟，誰不喜歡划算的選擇呢？

把提案變成基本的契約/協議

你可以用一石二鳥的方式，把提案當成是一份可簽署的協議，讓你在等待正式合約擬定的過程中（這有時可能需要一週以上）先推動事情進展。

記住，銷售過程中的步驟越多，談不攏的機會就越高。如果提案必須經過組織的某個人核准，然後再花一、兩週擬定合約，那麼潛在客戶越有可能轉變心意，並選擇其他方案。

你始終都應該讓潛在客戶的購買過程很簡單。給潛在客戶機會將提案簽署當成與你做生意的第一步。一定要設法讓提案能權充合約。雖然它不一定具有法律約束力，但這是一個比較小的承諾，讓他們啓動這個過程。

精心準備贏得客戶的簡報

《成功演講者的祕訣》（*Secrets of Successful Speakers*）作者莉莉・沃爾特斯（Lilly Walters）曾說：「評斷你的簡報成功與否，不在於你傳遞的知識，而是觀眾接收到什麼內容。」

依照三步驟結構，學習如何製作出一份成功的簡報，這樣可以將每個潛在客戶的需求串聯起來，確保聽眾接收到你是最佳人選的訊息。

不過，最重要的首要原則是：**絕對不可以**在簡報之前就把提案以電子郵件寄給潛在客戶，因爲萬一對方不滿意當中的某些內容，你的提案就等於直接遭否決啦。爲什麼？因爲你不在現場，無法釐清或幫助對方克服任何疑慮！你一定要面對面、透過Zoom視訊或通電話，與對方仔細討論提案和簡報。

最好的兩個選擇是面對面談或用Zoom視訊討論提案，這樣就可以看見對方的肢體語言，並在討論選項和解答任何疑慮時實際在場（或虛擬在場）。如果能做到這一點，你就有**更大**的機會成交。

以下是要遵循的幾個基本原則：

一、簡報要圍繞於潛在客戶在互動過程中提到的問題、挑戰或困擾

太多銷售業務試圖把整個解決方案塞入一場簡報中，於是就有那種長達五十頁的提案，還有九十九分鐘的簡報。這樣做會讓大部分的潛在客戶迅速失去興趣。他們會分心，左耳進右耳出，然後開始傳簡訊給同事問午餐吃什麼或酒吧的優惠時段。

實際上，潛在客戶只想知道你**是否**能解決他們的問題。他們只在乎你能解決那些阻礙成果的關鍵挑戰。所以，不要再去簡報無關解決他們問題的各種產品特性和優點。

只針對潛在客戶在銷售對話的互動階段中提到的問題進行簡報就好。

你必須根據每一位潛在客戶的挑戰量身制定每次的簡報。千萬不要做千篇一律的簡報。這樣只會讓潛在客戶認爲你不懂他們的需求，因爲說實話，如果你的簡報只是複製、貼上，那還眞的是不懂。

二、透過案例研究，強化你的方案如何解決潛在客戶的問題

這主要是B2B簡報需要的。如果你賣的是汽車、船隻、喪葬保險等，你可能不需要用到案例研究。案例研究主要用於B2B銷售，但有時也用於B2C銷售中。

如果使用得當，案例研究的作用是非常強大的。你可以展示其他客戶的眞實範例，說明他們在類似情況下如何透過你的方案解決了問題。大家最喜歡今昔對比的照片，或是等同這種效果的其他比較。

案例研究應該呈現出潛在客戶面臨的問題、你的解決方案如何解決這些問題，以及該客戶最終能得到什麼成果。

加入可客觀量化的眞實數字。記住，潛在客戶最關心成果，而不是產品特性和優點。他們想知道你的解決方案能帶來什麼效果，以及如何幫助他們達到想要的目標。

說過多無關緊要的話，只會讓對方在你長篇大論時，有更多時間考慮其他能幫忙解決問題的銷售業務。

三、簡報過程中，詢問「確認共識的問題」

大多數銷售簡報都只見銷售業務一個人講了一小時以上，而且花多數時間談解決方案的功能和優點有多棒，還有他們公司最強、客服最好、品質最高，物流也一等一，以及其他一切的「最厲害」等等。你是不是不知道已經神遊到哪裡了？看吧。如果你現在還沒睡眼惺忪、進入夢鄉，那也只是早晚的事。

在銷售界，這樣的推銷廢話就像福特紕漏百出的爛車平托（Pinto）。在一顆檸檬上加點伏特加，你也無法讓它變成喝起來口感有趣、好喝的氣泡檸檬調酒。

基本上每個銷售業務都是這樣描述他們的產品或服務。你遇過的銷售業務中，有誰在推銷話術中提到，他們的產品或服務其實在業界的排名只有第四或第五之類令人不悅的事實了？聽都沒聽過，根本就沒有，對吧？他們都說自己是最棒的，所以潛在客戶一聽到這種陳腔濫調的話術立刻就產生戒心。想成爲頂尖銷售業務，這樣做只會是一場災難。

爲了避免這種銷售慘劇，你要詢問「確認共識的問題」。這些問題在簡報過程中讓客戶參與其中，並促進他們回饋和認同。這樣問可以把簡報的效果放大十倍。讓你在對方眼中顯得可信賴，也更具專業權威。

以下是幾個範例：

- 這樣講有道理嗎？
- 我們的想法一致嗎？
- 你對這件事有什麼看法？
- 你有跟上我說的嗎？
- 你看出這是如何運作的嗎？
- 你看到這對你的幫助嗎？
- 你覺得這對你最有幫助的地方是什麼？
- 對這一點有疑問嗎？
- 還需要我補充什麼嗎？

提出這些問題幫你持續掌握到潛在客戶對簡報的反應。讓簡報成爲一場雙向對話，持續吸引潛在客戶參與其中。

這樣讓潛在客戶感覺到自己是這個過程的一部分，購買的意願會大幅增加。你看出這是如何運作的嗎？（哈，我們問了「確認共識的問題」，希望你點個頭，不然就是大聲喊出：「當然的啊！」）

簡報的時候，你至少要提出五到十句這類的問題，確保潛在客戶和你有相同的理解和認知。

大多數銷售業務在銷售過程中，簡報就占了五〇％，這樣實在是太、太、太多了。簡報階段只該占銷售的一〇％。簡報的重點應該是回顧他們在互動階段告訴你的挑戰和問題，並說明你的解決方案如何解決這些挑戰。不多不少，剛剛好。

潛在客戶需要知道的資訊量，總是遠少於銷售業務預期的。

簡報致勝的三步驟公式

現在，該來介紹我們的致勝三步驟公式，讓你串聯潛在客戶心中在意的需求，精心擬出成功的簡報。

我們通常希望有三到四大重點，包括問題本身、我們如何爲他們這樣的案例解決問題，以及這對他們有何意義。

簡報致勝第一步驟

在第一或第二大重點中，你可以重述他們的問題，或是提出一些他們原先不曉得的問題：

- 還記得你說過你遇到了這個〔在此處重述他們向你透露的問題〕？
- 大家在試圖……時，會遇到的一大問題是……
- 很多人來找我們時，遇到的一大問題是〔在此處插入問題〕。
- 很多人找上我們時，遇到最大的一個問題是：他們不知道／沒辦法／沒有

足夠的〔在此處插入你銷售的東西，並複述他們的問題，以及受該問題影響的後果〕。

簡報致勝第二步驟

解說你的產品、服務或方案如何解決他們問題中的某個部分：

- **所以我們為像你這樣的客戶解決問題的方法是〔在此處插入你能如何解決他們的問題〕。**

簡報致勝第三步驟

重述一旦問題獲得解決，他們能得到什麼好處和效益，或者是對他們的意義：

- **這對你的意義是〔複述好處和效益〕。**

針對每個產業，簡報的說法會不同。以下的範例，假設你賣的是房地產培訓課程，教人如何投資房地產。

還記得你提到現在你想購買第一個投資性房地產，但資金有限，所以想要慢慢來？大多數人尋求房地產投資時，遇到最大的問題就是：他們不曉得不同的融資選擇，以及如何以低額或零頭期款的方式買到房地產。

在此處重申這個問題對他們造成的影響，然後繼續說明：

所以，他們苦於存錢，每次都得等一到兩年才能購入一處房地產，結果要成為全職投資客，必須花上數十年的時間。

我們為客戶解決這個問題的方法是：教他們八種不同的策略，可以從當前的任何交易中獲利，包括：如何進行批發投資、傳統租賃、優先承購權、包裹式貸款、承擔現有貸款、團體家屋、Airbnb，以及短期租賃。

這對你的意義就是：你不會讓任何交易溜走，而且不需要動用到自己的資金、抵押不動產來貸款，或是處理個人銀行貸款。這樣一來，你可以快速

增加你的投資組合／事業的規模，又不會受到資金限制。

你懂我說的嗎？

我們再來看另一個完全不同領域的範例。這是來自於婚戀產業，銷售的是婚姻諮商和關係經營輔導。唉呃，挑戰性很高，不過這其實是完全可行的喔。傑洛米與這個產業的一名客戶合作，讓對方在六十天內的成交率從三〇％升高到六一％！在**兩個月內**業績翻倍。厲害吧！以下是腳本範例：

還記得你說過希望在婚姻中感受到情感連結與支持嗎？現在，你覺得自己像是卡在倉鼠輪中，你跟另一半隨時都會鬧翻／冷戰／爭論，讓你覺得兩人關係疏離，並質疑是否要繼續維持這段婚姻。

客戶來找我們時，**遇到的一大問題是**：他們不知道「如何」改變婚姻中雙方反覆出現的負面互動模式。

因此，我們對這個問題的解決方法是：在孫醫師的〈從內而外療癒你的關係〉課程中，先做衝突觸發因素的評估。

每對夫妻都有自己獨特的互動模式。在課程的第一個核心重點中，我們會幫助你分析這個互動模式的每個部分，讓你在問題發生之前提早看出預兆，然後我們針對每對夫妻的狀況，教你做小幅的調整，進而改變雙方互動的發展方向。

這帶給你的意義就是：一旦能看清整個互動模式，並為它命名、理解你們雙方在衝突中的角色、如何互相配合，而且知道在哪個時間點、哪一個部分必須做出一%的微調來化解彼此的地雷，你們整個衝突的互動模式就會改變。到那個時候，你們初次約會時的那種輕鬆愉快的情感連結會慢慢回來，婚姻也會開始自行修復，為你和家庭帶來和諧。

這樣解釋，你能理解嗎？

這段簡報非常出色，不僅讓人完全理解，還讓客戶在兩個月內業績翻倍。這就是我們此處所說的成果！

這些致勝的簡報是關鍵，不過它們也不是立刻就能成功。任何成功的銷售業務都知道，自己會面臨質疑和反對。不要怕，透過熟稔的新模式技巧可以克服。

了解令人畏懼的「反對意見」

好，你順利完成簡報，但是潛在客戶還是有一些（合理的）疑慮，這些疑慮可能看起來像是反對意見，不過我們還是先用比較友善委婉的說法：**疑慮**，這樣你就可以用正向的角度繼續推進。提醒自己：這不是衝著你來、不是在否定你這個人。聽到這些疑慮時，克制住想反擊的衝動。大多數銷售業務在這時候會不經思考就反擊，而不是設法挖掘這個反對意見……咳咳，我是說「疑慮」背後眞正的含意。

要明白，這時候不該又回到推銷模式，試圖用邏輯事實說服對方相信你的解決方案對他們有好處。這種處境，我們也遇過，太熟悉了，都快可以做成一件T恤來紀念了。克制一下，快成功了。

該用你從新模式NEPQ系統學到的同一套原則和方法了。如果你做得正確，並且跟潛在客戶深入對談，那麼大多數或全部的反對意見或疑慮都能在這個互動階段中排除掉。

如果你在這階段遇到反對意見，不要讓它亂了陣腳，只需把它當成是一個疑慮就好。試著了解客戶，並站在對方的立場來看你給的未來**「承諾」**是不是只是開空頭支票。也理解他們必須在你履行自己的承諾之前，先下這個決定。很有可能，他們提反對意見只是想索取更多資訊。

他們的反對意見也有可能只是對你原先的方案，提出一些簡單的調整要求。或許，他們希望對你提出的條款做一些更動。先別看衰這件事！反對意見或疑慮，有時候是對以下事項的請求：

一、你提供解決方案的價格。
二、你的解決方案的時間安排。
三、後續服務，或是他們將獲取服務的方式。
四、你的服務品質；或許他們希望你投入更多時間或人力資源，滿足他們需求。

進行B2B銷售時，「慣例」或「我們向來都是這樣做事」的講法是常見的反對意見。滿意度也是。對方可能覺得目前使用的服務讓他們很滿意，不認爲有必要尋求新的選擇。

突破後者的難度，並不像破解巨石陣起源的謎團那樣困難。一切重點還是在於發問。能幫助對方克服這種思維模式的好提問非常多，包括：**「你已經達成許多很亮眼的數字和里程碑。請問，針對……方面的未來改進上，你希望現在必須從哪裡開始著手？」「可以讓我問一下嗎？你理想的情況與你現在配合廠商的服務情況相比如何？」**

等等！好的提問還有：

- **當初你選擇和這家公司〔當前廠商〕合作時，請問選擇標準是什麼？不過當你考慮現今的需求時，你的選擇標準在哪方面出現變化了？如果可以，你會想改變哪些事？**
- **能否請教一下，你配合的公司在哪方面還可以做得更好？**

假設你的潛在客戶決定要繼續使用當前的配合廠商，而且是在你的銷售流程收尾時告訴你要繼續跟原本的公司合作。比起直接放棄，還有一個重新開啓對話的方法是這樣問：**「我該怎樣說，才能傳達你可能做了錯誤的決定，又不會讓你不高興呢？」**

如果你不完全了解潛在客戶的反對意見，那繼續幫他們消除這些反對意見是沒意義的。大多數銷售業務會自以爲聽過宇宙所有可能的反對意見，並認定自己知道每個反對意見的含意。（劇透：他們其實並不明白。）然後，他們就開始給出千篇一律的回應。

如果客戶說**「太貴了」**，一般般的銷售業務會認爲自己知道這麼講的意思。但我們必須問：他們眞的知道這個反對意見在客戶心中的意思嗎？這是一個明確的反對意見嗎？

「太貴了」這個反對意見到底是什麼意思？

是指**現在**付款太貴？

是說與競爭廠牌相比太貴？

是說一次付清太貴，他們需要分期付款方案？

是說他們根本沒有預算負擔這筆費用？

認爲太貴了，是和什麼相比？

你沒有明確知道潛在客戶在說什麼時，你的預設立場最終會讓你失去一筆交易，這可不像去得來速點一份「蛋捲冰淇淋」（cone），結果拿到「可樂」（coke），這還只是無關緊要的溝通小誤解。銷售時，**永遠**要完全了解反對意見。

以下舉例說明多數使用傳統推銷技巧的銷售業務如何回應反對意見：

潛在客戶：「這些電視太貴了，我們公司沒辦法大量採購。」

一般般的銷售業務：「你說貴？如果考慮到能為你們餐廳客人帶來的額外好處，其實並不貴。與你現在使用的電視相比，客人一定會更喜歡新電視的畫質。他們會衝著畫質而想來你的餐廳觀看體育賽事。」

潛在客戶：「這個嘛，我還是覺得費用太高。」

一般般的銷售業務：「別忘了，你們會享有我們的二十四小時產品客服。萬一有什麼狀況，我們隨時能提供協助。」

這段對話最終只會無疾而終，沒有任何進展，唉！這筆交易就因爲銷售業務的溝通方式而告吹了。

無論銷售業務說了多少功能和優點，反對意見依舊縈繞在潛在客戶的心頭。客戶心裡想著：**「我都跟這個傢伙說了兩次：我覺得太貴了，但他根本不聽我說。」**

在新模式的流程中，你要尊重和重視潛在客戶所說的話。這無疑表示，你必須理解潛在客戶提出反對意見時的眞正意思。除非你會通靈，否則客戶沒有向你澄清時，你是不可能知道客戶的意思。不過萬一你認爲自己知道，那我們此時此刻就可以看出你的銷售前途一片渺茫。

爲了讓對話順利進行下去，你必須放掉自以爲已經理解反對意見的預設立場。潛在客戶提出反對意見時，他們基本上是在告訴你，這對他們來說是一個風險。這應該在你心中亮起警訊。此時，你的工作是幫助潛在客戶克服他們自己的反對意見，促使他們向你買產品或服務。

記得超越這個反對意見，深入挖掘背後的原因：

潛在客戶：「這對我們公司來說太貴了。」

新模式的銷售業務：「你說『太貴了』是什麼意思？」

潛在客戶：「喔，我正在考慮的另一家公司，同樣產品的價格便宜了一二%。」

你看出這是怎麼回事了嗎？這下銷售業務就知道潛在客戶說太貴的意思了。

在其他情況中，它的意思可能完全不同。有可能是指：**「我們現在沒有預算這麼**

做」「一旦加上維修和保養費用，你的報價對我們來說就太高了」，或者是：「一旦我們又要雇人來操作你的設備，就會超出我們的預算。」

這樣你看出以上每個回答透露「太貴了」的原因都不同嗎？但還沒完，你還要確實找出這個疑慮背後的眞正原因。是什麼引發了他們的疑慮？如果你能理解他們的反對意見，就更能做好準備，問出可以幫助他們克服疑慮的正確問題。

潛在客戶：「這個提案對我們公司來說太貴了。」

新模式的銷售業務：「你說太貴是什麼意思？」（或「是哪方面太貴了？」）

潛在客戶：「嗯，我們對這項服務最多只能撥出每月一萬美元的費用，而你的報價是每月一萬五千美元左右。」

新模式的銷售業務：「請問你們是怎麼決定每月一萬美元的費用？」

潛在客戶：「這是執行長給我們用於這類服務的額度，因為併購後我們部門的經費削減了。」

啊哈！**現在**，銷售業務比先前更清楚掌握情況了。「太貴了」的意思是指：由於公司最近經歷併購，因應經費縮減，執行長只撥出每個月一萬美元的預算。

額外再了解這件事後，銷售業務或許能商討出不同的價格協議，比如調整原方案的服務選項，或者是提供符合他們預算的另一種服務。這裡還要認清的一點是：要錢，一定有的！錢一直都有。燈開著、地板有清潔，員工也有領薪水。錢只是分配到優先事項上。所以其實你的提問並不是爲他們找出更多錢，然後跟你買解決方案，而是你有多大的本領可以讓他們把你的解決方案視爲優先事項，並將已經用在其他地方的資金轉移到你的方案！

因此，NEPQ提問能夠讓潛在客戶將你的解決方案視爲優先事項，並從另一個部門調動資金過來，這樣就可以支付**你的**方案來解決**他們的**問題，進而實現他們期望的目標！適合這種情境的幾個好提問如下：

- **你覺得目前得到的預算夠用來解決這個問題嗎？**
- **成本是貴公司執行長最在意的事，那請問一下，這與公司可以實際獲得成果並解決問題相比，你覺得哪個更重要？**

這樣的提問激發他們思考，也許需要從其他地方籌措資金，或者是從其他部門調撥預算，才能與你合作解決他們的問題。就算還沒有資金，這也會喚起他們的行動意願，然後設法籌到錢來實現。孩子對父母就是這麼做的。

小孩子：「媽咪，我可以多買一些R幣來玩《機器磚塊》嗎？我的零用錢已經用光了。」

媽媽：「不行。」

小孩子：「爸比，我可以多買一些R幣來玩《機器磚塊》嗎？我的零用錢已經用光了」

爸爸：「去問你媽。」

好啦，商業的情境不太一樣，但你知道我的意思。針對他們的疑慮提出高明的提問，能幫你獲得更多資訊來釐清疑慮，也有助於找出解決方案。你同時也在幫助潛在客戶思考和克服自己的疑慮。請對方講清楚疑慮的細節，讓你能充分理解。

以下是一些你可以向潛在客戶提出的澄清性問題，幫助你更準確地了解他們的真正意思：

- 你們怎麼得到這個結論？
- 能多跟我講些細節嗎？
- 為什麼你會這麼覺得呢？
- 你為什麼這麼說？
- 能不能具體告訴我這是什麼意思？
- 當你說……，究竟是什麼意思？〔這裡一定要確切地複述他們說過的話。〕
- 我很好奇，你為什麼會這樣問？
- 這到底是什麼意思？
- 你說〔插入他們說的話〕是什麼意思？

・**你似乎有點猶豫，有什麼顧慮嗎？**

・**請問你從哪裡取得這些資訊？**

千千萬萬別假設你理解對方的意思。不要跟對方說你懂他們的感受。丟掉太多銷售業務使用的3F技巧吧，這招已經用到爛了。它基本上就是用一個令人反彈的「**是沒錯，可是……**」來回應對方的反對意見。

說實話，你完全不曉得對方的感受。此外，很多銷售業務以前學到的，都是用這種方式來應對反對意見，而且很多潛在客戶先前就已經聽過一模一樣的銷售話術。如果你還用這個過時的招式，通常會失去潛在客戶的信任。

當你用NEPQ不具攻擊性、輕鬆且簡單的問題提問時，潛在客戶會給回覆，而且他們的回答會提供你指引，讓你可以提出適當的後續提問，幫助他們克服疑慮。因爲你領會了他們的疑慮，並沒有試圖反駁和否定，潛在客戶會發現你和以往接觸過的銷售業務非常不同，因爲你展現出對他們問題的關注。像你這樣的銷售高手簡直是少有。成功會隨之而來。

大多數銷售業務只會爭辯，並試圖以近乎霸道的方式讓自己占上風，壓制與忽略反對意見，希望潛在客戶會忘記這些問題。要知道，他們才不會。他們只會放生你，也不管你的推銷內容。

這時候，潛在客戶看待你時，會覺得你是值得信賴的權威，而且是會聆聽他們與更關心他們疑慮的專家，然後，猜猜會發生什麼事呢？他們的疑慮會開始降低。他們的反對意見仍然存在，但因爲你有優秀的聆聽技巧，又聚焦於他們的領域與提供服務，而不是只顧著要成交，所以他們會用不同方式對待你。

爲什麼呢？因爲與你交易的風險小很多。你致力於理解對方與他們尋求的目標。不經思考的反應是無法讓人走得長久的。對潛在客戶的反對意見，九九%的銷售業務都只是做出不經思考的反應。然而，這種反應並不能讓你擬定出計畫來幫助客戶克服疑慮，對方反而通常會將你拒之門外。

假設性問題，探究其他疑慮

好，你已經巧妙地探究出潛在客戶的第一個疑慮，以及疑慮背後的原因。但先等等，各位福爾摩斯和神探南茜，你們要做的事還沒完呢。你現在需要了解是否還有其他疑慮可能阻礙他們跟你做生意。要確定這一點，你還必須再問另一個問題。新模式的銷售業務稱它爲「假設性問題」，目的是挖掘是否還有其他疑慮。例如：

- **現在假設我們能與你一起解決這個問題。我知道現在還沒解決，但先假設我們可以解決。那你是否還有其他希望解決的問題呢？**

你看這個問題有多簡單？對方要麼會告訴你，原先提到的問題就是他們唯一的疑慮，不然就是跟你說他們還有什麼其他疑慮。

請看看這個：

・**假設我們能與你一起解決這個問題。**

這個問題的目的是讓客戶想像雙方一起合作，解決他們的疑慮。這是團隊合作，因此你的用詞是**「與你」**，而不是**「替你」**。這時候，你和客戶是一起想出方案來解決他們的疑慮。現在差不多就可以手拉手合唱黑人靈歌了。但等一下，還有喔！這個祕訣還有一個比《大白鯊4：驚海尋仇》更精采的續篇。請看：

・**我知道現在還沒解決，但先假設我們可以解決。**

在提問中這樣說，是表明你**「尊重」**他們的疑慮。也是讓對方知道，他們的第一個疑慮會得到處理，你並沒有忽視它。這讓潛在客戶看到你在對話中全神貫注。

・**你是否還有其他希望解決的問題呢？**

這樣問可以幫助你和潛在客戶把第一個疑慮與其他可能有的疑慮分開。

以下是你的腳本。記得背熟台詞。練習越多次，聽起來就越自然。雖然拿不到奧斯卡獎，但你從中得到的收穫會跟那座裸體小金人一樣珍貴。

- **假設我們能與你一起解決這個問題。我知道現在還沒解決，但先假設我們可以解決。你是否還有其他希望解決的問題呢？**

當你以平靜、放鬆的對話方式提出「假設性」的問題時，可以幫助潛在客戶思考自己的疑慮。你的潛在客戶現在也參與到這個過程中。他們正幫助你理解，更重要的是，他們同時也更清楚理解自己的需求。潛在客戶現在已經意識到，你在聆聽他們，而且尊重和理解他們的疑慮。你們如今是一個團隊！這時候，你準備好要跟他們一起**克服**疑慮。

應對你無法滿足的要求

你瞧，你很厲害，但還沒到「超級」厲害的程度。絕對有些時候，你的潛在客戶提出的要求超出你權限或掌控範圍。你能做的是用專業方式巧妙應對這些要求。遵循以下步驟，就能順利應對：

- 步驟一：一定要重述潛在客戶想要的事——**「約翰，讓我確認一下我是否理解你的需求。」**
- 步驟二：一定要提到他們的反對意見或有興趣的事——**「請給我一點時間，讓我從你的角度來談……」**
- 步驟三：給出解釋來婉拒他們的要求——**「我希望你了解爲什麼這超出我的能力範圍。」**

「我希望你了解」的說法是相當中性的拒絕方式。這樣的表達方式尊重潛在客戶，並讓他們思考。透過合適的對話方式，你和潛在客戶彼此敞開心扉，因爲你已經運用高明的提問和聆聽能力建立了信任。潛在客戶需要知道你是認眞在考慮他們的反對意見，並不是只想著如何擺脫它。

使用中性的解釋，加上一些策略性的問題，通常可以讓對方理解並同意你的立場。他們已經將你視爲值得信賴的權威，可以幫他們解決問題，所以他們哪裡還會想選擇別人呢？

這時候，你可以問他們以下問題：

- **你願不願意跟我一起討論我覺得適合你的方案？**
- **我有個方案有機會能解決這件事，你願意跟我一起討論嗎？**

這讓你可以邀請潛在客戶與你一起爲疑慮設法，這樣雙方就能共同找出解決方案。記住，你的潛在客戶**想要**的是解決方案。透過這個問題，你們雙方都贊同一起設法達成目標。

這時候開始，你要運用互動階段的提問，簡短討論他們的疑慮，進而挖掘和探索解決方案。「覺察解決方案的提問」的效果非常大。所以，你可以繼續問以下的問題：

‧你認為自己能如何解決這個疑慮？

透過這個問題，會直接引領你進入一個階段，突破你與成交之間的障礙，因為你就像雪巴人帶著潛在客戶攀登銷售高峰，讓他們自己找到解決疑慮的方法，在這座高峰上，不會引發高山症，只有成交的甜美喜悅。繼續努力，你就快抵達了。

幫人自己解決問題

歡迎來到銷售對話的新里程，潛在客戶這時會開始跟你說，他們覺得自己能如何解決疑慮。嗚哇，我們懂。但你行的。他們之所以會告訴你，是因爲在這個階段，由於你提的問題，讓他們對解決自己的問題產生情感共鳴，然後由衷渴望解決自己的問題。所以，在討論過他們的疑慮後，就可以講出這些提問，讓他們自己找到解決方案：

• **假設這跟你想的不一樣？**
• **假設你能……？**
• **假如說我們能……呢？**
• **假如說你能……呢？**

接下來，你只要插入與他們看法不同的觀點。假設你賣的是健康教練服務，而潛在客戶的疑慮是：他們以前試過減重課程，但由於覺得缺乏所需的支持，因此沒有任何成效。

新模式的銷售業務：「瓊斯先生，如果有辦法提供你所需的支持，並由一名教練每週協助你，確保你真的能減重，讓你可以活得更久與含飴弄孫（這裡插入他們提到的需求），這樣你願意跟我們合作，一起幫你實現這個目標嗎？」

以下有幾個提問，可以用來確認潛在客戶與你的意見一致，並已經克服了疑慮。

要知道這時候，你只是確認是否有共識，然後才會問一些承諾性或與成交相關的問題，促使他們購買你的解決方案，也就是你提供的產品或服務。

- **你覺得這樣可以接受嗎？**
- **目前你看來如何？**
- **這樣對你有用嗎？**
- **這樣適合嗎？**
- **這樣能幫上忙嗎？**
- **你現在還有什麼事想和我討論嗎？**

上述最後的那個提問：「**你現在還有什麼事想和我討論嗎？**」非常重要，要在幫他們解決第一個疑慮後提出，但千萬記住：不要預設他們的第一個疑慮是唯一的疑慮。

如何應對「我負擔不起」的疑慮

萬一對方回應了潛在客戶最常見的理由：「**我們負擔不起**」「**我們沒有預算**」「**你的價格太高**」，該怎麼辦呢？建議如下：

潛在客戶：「我們喜歡你的產品，但目前我們實在負擔不起。」

新模式的銷售業務：「請告訴我，如果你有資金，這個方案對你有用嗎？」

潛在客戶：「當然有用呀。」

新模式的銷售業務：「你為什麼這麼認為呢？」

潛在客戶：「嗯，我們喜歡〈你的服務或產品〉，但我們確實沒有這個錢。」

新模式的銷售業務：「我能體會錢可能對你來說是一個問題。你覺得，要怎樣解決這個問題，籌措到資金來讓你能……？」

在這裡插入他們說想要的目標。把他們籌措資金跟他們所想要的目標綁在一起。如果他們沒有籌到資金，就無法得到他們所說想要的目標。

因爲到這個階段他們已經信任你了，所以很多時候你向他們提出這個問題時，他們會自己想出辦法來籌出資金。你的方法得當時，他們會想到使用信用卡、申請貸款、將房子抵押貸款、退休金貸款、投資，或者請老闆調動其他部門的資金來投資你的解決方案。

然而，如果他們沒辦法想出籌措資金的方法，你可以問：**「你還有什麼其他管道可以找到資金，這樣你就能……」**同樣的，填入他們所說的需求。

以下提供幾個例子：

- 如果你賣的是居家保全系統：**「你還有什麼其他管道可以籌措資金，這樣就能保護你的家和家人免受闖空門者侵害？」**
- 如果你賣的是健康教練服務或保健品：**「你還有什麼其他管道可以籌措資金，讓你減掉三十幾公斤，這樣就能像你說的，可以陪伴孩子長大？」**
- 如果你賣的是租賃或商業地產：**「你還有什麼其他管道可以籌措資金，讓你買下這間可以收租的房屋，獲得更高的投資報酬率？」**
- 如果你賣的是房地產：**「你還有什麼其他管道可以籌措資金來付頭期款，就能**

讓你家人住進這個較安全的社區？」

- 如果你賣的是客源或行銷服務：「你還有什麼其他管道可以籌措資金，讓你獲得更有購買潛力的客源，你旗下的銷售業務也能做出更好的業績？」
- 如果你賣的是壽險：「你還有什麼其他管道可以籌措資金，能增強你太太和孩子在你發生意外時的財務保障？」

我來快速問你一個問題：你覺得，如果潛在客戶還是想不出自己能籌措資金的辦法，最好的方法是什麼？不，還不到棄船的時候。不要放棄。此刻的銷售機會比不在世的圖帕克和發福貓王還要生氣蓬勃。你要做的是提供建議。

與他們分享你的其他客戶如何籌措到資金，然後問問他們：這樣是否能幫上忙，或是他們是否覺得可行。

- **我們很多客戶會刷信用卡，或是用貸款來取得資金，這能幫上你的忙嗎？**
- **我們很多客戶用退休金貸款，或是其他投資方案來取得資金。你看這樣可行嗎？**

以下是針對特定產業的範例，讓你了解這個結構如何應用到你銷售的產品或服務中。只要將你的產品或服務代入就好。

以下的例子，銷售業務賣的是電子商務培訓課。

- 請告訴我，如果你有資金，這個方案你看可行嗎？（劇透：他們一定會說是的。）
- 為什麼呢？（用你能奪下奧斯卡演技的聲音。）
- 好，我能體會錢對你來說可能是個問題。你覺得，要怎樣解決這件事，讓你可以籌措到資金，然後開始**在電商平台獲利**？（讓他們去想方法。）

如果對方想不到：

- 你還有什麼其他管道可以籌措資金，能讓你創業賺更多錢？

如果他們還是想不出來，你可以問：

- 你有沒有考慮過先刷信用卡支付，等我們幫你做好一切安排，而且開始賺錢後再還款呢？

以下是完整的通用版本。同樣的，在這個結構中插入你賣的東西：

- 請告訴我，假設你有資助／預算／錢，你覺得這方案可行嗎？
- 你為什麼會這樣認為？
- 從你告訴我的情況來看，我可以體會錢可能是個問題。那麼，你覺得要怎樣解決這件事，這樣你就能〔在此重述他們想要的目標〕？
- 你還有什麼其他管道取得預算／資助／金錢，因此能達成〔在此重述他們想要的目標〕？
- 我能給個建議嗎？

接下來，你只要再提出其他客戶如何找到資金來解決這個問題。
這樣就行了！等等，還沒講完喔！

如何應對「我要考慮看看」的疑慮

你要怎麼克服「我要考慮看看」的疑慮？就像經常有人點歌要求比利・喬演唱他的成名曲〈鋼琴師〉一樣，你應該也聽過這句話無數次了。你要如何解除潛在客戶的防備，讓他們不會抗拒，而是會敞開心胸，並對你說出他們眞正的疑慮？當潛在客戶最後說出有疑慮時，多數銷售業務會怎麼答？多數業務會說類似以下這種話：

潛在客戶：「我們很喜歡這個方案，但還是需要考慮看看。」

一般般的銷售業務：「我搞糊塗了。你說〈重複了對方所說的需求〉。你想考慮什麼？或者說，你還有什麼需要考慮的？」

你知道這是在做什麼嗎？這是一個以邏輯爲基礎的陷阱，讓潛在客戶承認他們說過自己想改變現狀，但先等一下！人買東西是是根據邏輯，還是情感？當然是情感勝出。儘管用邏輯有時能說服一些人，但如果你能利用人類行為來獲取優勢，你會發現原來自己錯過了許多原本可以成交的銷售機會，而這不僅對你有利，也對客戶有利。

要明白，當潛在客戶說**「我想考慮看看」**，通常是因為在銷售對話中，你還沒於對的時間提出對的問題，幫助他們清楚看見自己的問題、問題的根本原因，以及如果不採取行動會怎樣。

記住，你不能直接**告訴**對方這些事，而是要提出對的問題，讓他們告訴**自己**。當他們告訴自己為什麼需要改變現狀，他們就會說服自己，而且這樣能營造出一種緊迫感，讓他們想要**現在**就買，而不是等幾週或幾個月之後。

反過來說，因為你的提問不對，讓客戶沒感覺到自己的問題其實是無法輕易解決的，而且你又沒幫他們認清這件事，結果讓他們認為自己的問題也許沒那麼嚴重，或者可能覺得你無法幫他們達成想要的結果。事實上，在他們的心中，必須存在一個差距——他們當前的處境（現狀）與他們希望達到的狀況（目標狀態）之間的落差。

什麼因素阻礙他們得到想要的成果？你藉由提問幫助他們找出的種種問題！落差越大，要現在買而不要等以後再買的緊迫感就會越強烈。此落差要在他們心中形成，靠的就是你對他們提問！以下是解決此疑慮的範例：

潛在客戶：「這聽起來很棒，讓我考慮看看。」

新模式的銷售業務：「沒有問題。你在明天或後天什麼時候方便回覆我？我來看看能不能安排時間跟你談。」

※來看看，此處爲什麼不直接試著克服這個反對意見？爲什麼要安排第二次會談？因爲這樣可以消除對話中的銷售壓力。能解除潛在客户的防備，讓他們放下戒心。這也會讓他們覺得你很忙，有很多其他客户，好像不差這筆交易。你表現得很超然。沒錯！在培養這段關係時，超然是一件很好的事！

潛在客戶：「我想可以幾天後打電話給你。」

※呃喔，這樣不行，你需要一個確定的時間，不能打馬虎眼。

新模式的銷售業務：「嗯，或許可以。不過呢，如果你手邊有行事曆，我可以提出我的時間，讓你直接跟我預定一個具體的時間，這樣你就不需要一直找我，我也是。這樣可以嗎？」

※這叫做「行程承諾」。這樣做每次都有效，而且表現出你不是迫切需要這筆生意，而是你很忙，有一大堆客户的問題需要你來解決，你就像銷售業界的菲爾博士一樣。①現在預約好時間，你就可以接著提出以下問題。

新模式的銷售業務：「好，在我們結束通話之前，請問你想再思考一下哪些部分呢？〔這個講法比直接問：「你要考慮什麼？」來得更委婉、更親切〕這樣明天討論時，我比較能了解你可能會有的疑惑。」

現在做好準備喔，因爲這是關鍵時刻；他們會在這時跟你說他們眞正的疑慮。他們可能會說：**「喔，我只是擔心……」「我只是不了解這部分」「我不確定能否籌到這筆錢。」**

接下來，你就可以釐清他們的疑慮、提出一個緩解的問題，然後像兩個一起解決問題的人那樣討論這件事。大多數情況下，這通電話就能完成交易。成功！

如何應對「你能提供一些推薦人嗎?」的提問

這是另一個常見的反對意見，如果對方向你提出這個問題，有九九%的可能是因爲心中有疑慮，不相信你能達成他們所說的成果。爲什麼?因爲你不知道要問哪些對的問題，讓他們確信你是個專家，並視你爲值得信賴的權威，所以他們才會要求你提供推薦人或推薦信!

但並非所有要求提供推薦人資料的情況都是因爲不信任。客戶表示滿意的推薦文很適合用來幫助潛在客戶接受你的解決方案。然而，也可能只是潛在客戶用來擺脫你這名煩人銷售業務的方法。

你要提出「篩選條件的提問」，找出這名潛在客戶是否認眞要改變自己的處境、是否有合理的疑慮，或者他們只是在跟你耗時間。

以下是聽到「你能提供一些推薦人嗎?」時，你可以提出的問題範例：

①編注：菲爾博士是指著名電視心理學諮詢專家菲爾・麥格勞（Phil McGraw）。以他的名字命名的美國知名電視節目《菲爾博士》，幫忙來賓解決他們生活上的問題。

潛在客戶：「能提供一些其他推薦你的客戶給我嗎？」
新模式的銷售業務：「沒有問題。但我很好奇，你聯絡他們時，想問什麼事？」

這能幫助你找出他們是否有疑慮。或者：

新模式的銷售業務：「當然，沒有問題。為了寄給你適合的人選，請問你具體想跟他們討論什麼？」
潛在客戶：「喔，我想從他們那裡了解……」
新模式的銷售業務：「了解，你打算什麼時候聯絡他們？我必須請他們看看是否有空。」
潛在客戶：「喔，方便的話，我大概明天下午打過去。」
新模式的銷售業務：「我可以聯繫他們，看看他們方不方便。這樣吧，我們來假設你與他們聯繫後，他們說了很多正面評價，提到我們是如何幫忙解決貴公司遇到的同類型問題，你覺得，我們接下來要怎麼進行下去？」

※警告：如果你只是答應寄送推薦人名單給潛在客户，卻沒確定對方與推薦人談完後的下一步行動，那你非常有可能再也不會得到該客户的回電了。

如何應對「能寄詳情給我嗎？」的提問

要是在通話開頭，潛在客戶提出令人頭疼的問題：「能寄詳情給我嗎？」以下是應對的方法：

潛在客戶：「能用電子郵件寄詳情給我嗎？」

新模式的銷售業務：「沒有問題，不過為了能為你整理最適合的資訊，請問你具體在找什麼呢？」

潛在客戶：「喔，我想知道你的XYZ產品要怎樣……」

新模式的銷售業務：「好的，請問你目前的〈插入服務或產品〉是哪一種／用哪一家？」

然後，透過第一個「了解現狀的提問」，你可以開始進入互動階段。這是很自然的轉換方式，從單純寄送資訊，到幫助潛在客戶挖掘出他們的問題，然後開始與你互動。這下子你就挖到寶了！

帶領他們完成互動階段後，在對話進入尾聲的時候，你再提出他們請你寄送詳情的提問：

新模式的銷售業務：「好的，我接著可以寄送有關我們如何解決前述挑戰的詳情。假設你看過資訊後，發現符合你的需求。那你希望下一步怎麼走？」

※警告：千千萬萬不要在還沒找出對方是否認真想要改變現狀前，就把資訊寄送給潛在客戶。否則，你只會浪費寶貴的時間。

如何應對「我正在忙」的回應

以下是另一個常見說法：

潛在客戶：「能之後打來嗎？我正在忙。」

新模式的銷售業務：「沒有關係。如果對你有幫助，我可以把我的號碼給你，等你今天稍晚再打給我，看看我有沒有空。這樣可以嗎？我的電話號碼是五七三－五七八－九八七二。請問你今天大概什麼時間能再聯絡我，我想看看到時候是否方便談？」

※問對方大概什麼時候能聯絡你，只是爲了確認你有沒有空接洽他們，這樣的問法非常有力，能將你塑造成業界權威，也讓人感覺你要「忙著接洽其他客户」，並沒有急切要做生意，或需要這筆業績。他們會開始把你看成「時間寶貴」的專家，而不是隨便一個想要推銷他們買東西的業務員。

潛在客戶：「我可能這週找時間再聯絡你。」

新模式的銷售業務：「**嗯，或許可以，但如果沒有約個時間，可能會比較聯絡不上我**。如果你手邊有行事曆，我可以提出我的時間，讓你跟我直接我敲定一個時間，這樣我們就不怕一來一往找不到人，你看適合嗎？」

※這樣說，也會讓人感覺你是時間寶貴的專業權威，而不是可以隨時打發掉的銷售業務。接著，萬一約定的時間到了，對方沒打來，你等兩分鐘後再打給他們。這樣就行了！

現在我們已經成功避開幾個常見的陷阱，一旦你成爲潛在客戶信賴的專家和權威，他們願意把問題交付給你幫忙，接下來你可以提出三個提請承諾或成交的問題，讓你巧妙地推動潛在客戶進入購買流程。沒錯，你已經到了承諾階段。不敢給承諾的人請自行繞道。預備好，我們上路了！

第十一章

承諾階段

除非做出具體承諾，否則一切都只是缺乏規畫的口頭答應與希望。
——彼得．杜拉克，管理大師

恭喜你順利進入了承諾階段。這是一個重要的里程碑。別擔心，這時不會有「落跑新娘」的情況。我們一路來到了達成交易。不過，首先要考量提請承諾的六個原則：

一、如果你提請承諾，對方更有可能改變行爲；如果不這樣做，對方的行爲改變機率較低。

二、提請承諾的提問必須要同時讓你和客戶感到自在。如果你感到不安，客戶也一樣。

三、成功的承諾始於互動前的規畫。你必須做好準備，應對可能出現的抗拒、質問、延遲、甚至是直接搞失蹤。

四、提請承諾的提問要設計得好回答。

五、承諾是對話自然、恰當的結束。

六、對方表示願意承諾後，再詢問他們對承諾的認真程度，這是完全合理的。如果做得好，會提升銷售業績。

看看以下的陳述和提問，你知道它們有什麼共通點？

- 我打電話來只是想了解你對於……有沒有興趣？
- 我能不能過去一趟，跟你介紹我們能為你做些什麼？
- 不然我們再安排一通電話來談下一步？
- 我可以明天中午或週五下午三點跟你談，哪個時段方便？
- 你還打算繼續下一步嗎？
- 我什麼時候該再跟你談後續？
- 在結束這次通話之前，我們可以看看你是否覺得合適？
- 在結束這次通話之前，你就能做出資訊充足、深思熟慮的決定！

沒錯，都很遜，也用到爛了，但我們要找的答案是：**以上都會引發壓力和阻力**。你可能沒意識到自己的用字遣詞和說話方式會引發潛在客戶的壓力和抗拒。你一定要學會識別這些用字遣詞，並像在超市避開聒噪的鄰居一樣。如果你想在銷售業界有頂尖表現（或是離那個鄰居遠一點），這是必須做的。

準備好了嗎？以下是個好例子——喔，應該說是不好、差勁、爛透了的講法：

- **請在這裡簽合約**。

千千萬萬不要說這句話，除非你希望潛在客戶像避難一樣逃離，然後你的銷售簡報繼續對著空氣說下去。爲什麼？因爲這會讓大多數潛在客戶覺得，他們要被束縛在一些不想要或日後會後悔的事情中。那麼要怎麼說才會比較中立呢？

- **請在這裡授權這份協議**。

是的，就是這樣。簡單又中立。當然，「請在這裡授權這份協議」與「請在這裡簽合約」的意思一模一樣，但顯得**更中立**，也沒那麼讓人反感。客戶會更願意接受爲協議「**授權**」，進而採用你的解決方案。

政府超級擅長做這件事。來看看IRS的範例。IRS代表的是Internal Revenue Service（美國國稅局），字面意思是「國家收入服務」。如果它叫Internal Taxing Service，意思雖然相同，但大家可能就會不滿與憤怒。講「**Revenue**」（**收入**）遠比「**Taxing**」（**稅務**）更中立與沒有威脅性，對吧？

如果你在用詞上把語調變得更自然與中立，就有助於建立更具「信任感」的關係。切記：我們是活生生的人，並不是人形的銷售機器人。

假設你跟潛在客戶的對話要告一段落，然後想要用「推進成交」的方式來約另一次洽談時間。

・不如再安排一次通話，深入討論我們為你提供的解決方案吧？

但是如果對方還沒決定是否選定跟你合作，你就想用推進成交的方式來約洽談時段，那會發生什麼事？萬一……抱歉這樣說，這讓對方根本不想再跟你有下一次的洽談呢？

你自動觸發了潛在客戶對銷售的抗拒，對吧？他們會反擊並提出反對意見，也會試圖拖延、甚至擺脫你，沒錯吧？一旦有壓力，抗拒情緒就會被激發，這時信任破裂、瓦解、消失，那你就玩完了。

所以，如果你想約洽談時間，應該使用更中立的講法，表達的意思一樣，但可以消除提問中的銷售壓力。

以下是幾個極佳的範例：

- 楊小姐，妳同意的話，我們可以再約一次洽談時間，看看我們的服務能不能適用於妳的情況。這樣方便嗎？
- 我們之後再通話談談，看看我能否幫上忙，好嗎？
- 我們再次通話談一談，看看我們的方案能否符合你的需求，這樣可行嗎？
- 魏先生，接下來你打算怎麼進行？
- 你認為，我們接下來應該怎麼做？
- 你覺得，再下一步是什麼？

・你的下一步是什麼？或者你打算怎麼繼續進行？
・你願意再談一次，看看我們能否幫上忙嗎？

對潛在客戶使用上述中立的提問時，你會緩解任何銷售壓力，就像按摩舒緩一樣。讓潛在客戶知道你是為他們著想，真心想要知道是否能幫上忙。大部分的銷售業務舒緩的，都只有自己的自我感受和需求。這會讓你與他們有所區分。你現在對他們來說，是值得信賴的顧問，而不是那個害他們需要去按摩、還得吞幾顆頭痛藥的麻煩來源。

傳統的推進成交提問

現在，你或許已經開始理解，傳統的推銷技巧強迫銷售業務玩一場不合理的拚數量遊戲，完全違反人性。這些技巧的目的是「強推」潛在客戶入坑，而不是讓他們把你拉近。這些達成交易的技巧都是圍繞著數字。

問問自己，你的達成交易技巧是「坑殺」嗎？你遵照的是ABC成交法則嗎？我們來懷舊一下，聽聽資深銷售老手從前說的話：「你得成交，才能賺錢。」把這句話連同百視達的會員卡，一起放到「有趣的懷舊老物區」歸檔吧，因爲這就是它的眞實面貌。

你有沒有想過，在後信任時代，信任降到低點時，潛在客戶其實能察覺到你正在用「推進成交」的方式對付他們。儘管他們看起來滿不在乎、顧著玩手機，但依然感覺得到有人在對他們強迫推銷。

舊的推進成交法做的無非是對潛在客戶施加壓力。銷售業務想要強推你成交時，你會有什麼感受？你會感受到壓力嗎？這種問題還用問嗎？

假設你本身感到壓力，你不覺得潛在客戶也會感覺到嗎？他們覺得自己正在被**「強推成交」**和追趕。這樣煩人又徒勞無功，因爲多數人覺得被追趕時會怎麼做？還不快逃嘛！他們自然而然想要去躲避銷售壓力，而如果壓力是你給的，他們就會像是把你當成《半夜鬼上床》的佛萊迪・克魯格、《黑色星期五》的傑森・沃赫斯外加《德州電鋸殺人狂》的皮面人，快跑爲妙，嚇都要嚇死啦！

當感受到銷售業務施加壓力時，你通常會怎麼做？你會有以下其中一種反應：

一、採取防禦姿態、提出反對意見，並拒絕對方的提議。
二、與他們保持距離，因爲他們讓你招架不住了；對他們搞起失蹤，不接電話、不回電子郵件或簡訊。

現在問問自己：當你試圖推進潛在客戶成交時，他們對你做過這兩件事情嗎？如果遇到銷售業務想推進成交時，你都這樣反應了，那你還一直使用同樣一套傳統成交技巧時，潛在客戶會如何回應呢？

那麼，我們的意思是你打電話時都不該做交易嗎？呃，當然不是！你的目標是每一通電話都能成交，但這個目標自己心裡知道就好，因爲一旦對方覺得自己被推銷時，就會開始拒你於門外。

但你很幸運。新模式的系統會教你如何避開你和潛在客戶之間的角力關係。首先從成交過程中永遠要避掉的一個大忌開始：**不要預設對方一定會買**。

在後信任時代，預設式銷售不僅僅過時，還該像木乃伊一樣收藏起來就好。任何培訓法，只要教你一定要「**預設**」對方會買和聚焦於成交，就是過時的。這種課程的傳授者是那些養恐龍當寵物的大師，而且幾十年也沒碰銷售實務。甚至最糟的是，後繼有些懶惰的新一代銷售培訓師，乾脆直接複製貼上這些可以跟原始人爲伍的大師傳授的方法。

當你試圖預設會成交，潛在客戶完全能感受出來，然後呢？他們就會開始提出各種反對意見，對吧？那就該問這個問題了：收到這一大堆的反對意見，究竟是誰造成的？相機請開自拍模式，因爲始作俑者就是——**你**，還有你學來的溝通方式害的。

假設你到了簡報尾聲，並自動預設潛在客戶想買你的產品，於是你開始試探簽約的可能性，然後出現以下對話：

一般般的銷售業務：「那麼，合約上應該寫誰的名字？」

潛在客戶：「喔，那應該是我吧。」

一般般的銷售業務：「好的，你的電話號碼是？地址是？銀行帳戶？」

※只差沒追問身分證字號、密碼和血型了。一般般的銷售業務已經快把潛在客戶嚇壞了。這時，客户（很客氣的那種）十之八九會怎樣做？

潛在客戶：「等等，我可沒說我準備好要買啊！不如你留點資料給我，讓我有機會考慮一下再回覆你？。」

這時就要進入反對意見應對模式，因爲現在攸關你的存亡了。但這種做法從來就不符合銷售邏輯。那些傳統成交技巧教你如何預設式銷售（你現在已經知道，這種方式會引發銷售阻力），同時又要求你學習反對意見應對技巧，才能克服因爲你所學銷售法引發的反對意見。

等等，什麼？這太複雜了，連回頭看上一段話都不要。那只是費神和浪費時間。何不學習確保一開始就不會引發反對意見的方法？

那「一定要成交」這件事呢？已經過時，不再適用了。那爲什麼我們還緊抓不放，搞得像《史努比》裡一直抱著小被被的奈勒斯？連查理・布朗都在笑了。這無疑是你剛學當業務員時，從舊銷售大師身上最先學來的技巧。問題是，這招在後信任時代還管用嗎？你在簡報收尾時，開始提出推進成交的提問：

・**選項式成交**：「你要紅色的，還是藍色的？」

- **邀約式成交：**「不如試一試吧？」
- **預設式成交：**「好，我來安排。你想要星期二下午，還是星期三早上收件？」
- **選擇式成交：**「簽約時要用你的大名，還是公司名？」
- **實證式成交：**「我可以介紹你最佳的投資選擇，想不想看看？」

當銷售業務講出**「我可以介紹你」**時，焦點立刻落在誰身上？當然是**銷售業務**的身上，而你讓自己必須向潛在客戶證明自己的產品或服務適合他們。這時，大多數銷售業務會仰賴統計數字、事實和特性來支持自己的說法。但是，這又是誰的意見？還是銷售業務，對吧？

要記住，其他所有銷售業務也都說同一套話：他們是最棒的，潛在客戶應該要選他們才對。你能看出，潛在客戶是如何習慣每個銷售業務都嘗試向他們推銷產品，聲稱自家產品是最好的嗎？翻白眼就說明了一切。怪不得大家對這類說詞漸漸無感。

因爲我們身處後信任時代，市場上的信任早已蕩然無存，這毫不奇怪。也就是說，如果仍然使用傳統推銷招式，在面對抱持懷疑態度並想打臉你的潛在客戶時，你必須證明自己。很累吧？那要怎麼辦？首先要改變自己的**「用語術」**（這是傑瑞米發明的講法，字面意思是「使用語言」）。

拿前面的例子來說，你可以試著說：**「如果有一項投資能達到你期望的報酬率，你會有可能感興趣嗎？」**

使用這種表達方式時，你處於更加中立的立場，不會引發任何阻力，你也不再需要向潛在客戶證明自己。這種措辭適用於各種產業。

新模式銷售業務總是保持中立，而一般般的銷售業務老是偏頗，把焦點放在自己與自己所處的世界，而不是潛在客戶的世界。雖然舊式銷售的成交招數在理論上聽起來很棒，但一九八〇年代的流行音樂用合成器聽起來也很棒。現實是，在現今的世界裡，你的潛在客戶已經不會再上當了。同樣一套說詞，他們已經聽幾十年啦！無聊至極，打個哈欠，把降噪耳機拿來吧。

別再試圖操控人了。人都希望自己受到尊重。現今的客戶不想要聽你單方面說話和被強行推銷，他們想要你發問、聽他們說，還有理解他們。如果你覺得推進成交的方法就是咄咄逼人和強勢推銷，並繼續使用傳統的成交技巧，那你會不斷失去交易機會，也損失原本該進到銀行戶頭的數十萬美元。

在此提出一個新概念：透過改變你的成交方式，銷售可以為你帶來更高的獲利，也會獲得更滿足的體驗，最重要的是，對你的客戶也是如此。在新銷售模式中，銷售業務甚至不太使用「成交」一詞，因爲會有負面聯想，也讓潛在客戶覺得缺乏人性。

如果無意中聽到有個賣東西給你的銷售業務提到，他剛剛如何促成你「成交」①了，你作何感想？唉唷，感覺是拐你上當，有點卑鄙，對吧？多數人都會感到不舒服。新銷售模式的業務會選擇使用「承諾」這個詞，而不是「成交」。這是一種**「承諾」**，表示客戶願意邁出下一步，購買你的解決方案。

絕對重要的是，你要記住：「承諾」或傳統推銷所謂的「成交」，在新銷售模式中只占了五％。爲什麼？因爲你在互動階段使用高明提問和眞正的聆聽技巧時，交易已經在潛在客戶心中完成了。

在潛在客戶心中，你已經成爲值得信賴的權威，因此，對他們來說，下一步最合乎邏輯的行動無非是向你購買解決方案。在銷售流程的這個階段，你重述他們對你所說的需求，並說明自己的解決方案如何幫上忙後，進一步承諾繼續前進是很自然的事。

---

①編注：原文爲「closed you」，因爲 close 有成交、結案的意思，但也有封閉、限制、了結等意思。所以作者才會說這個字會有負面聯想。

提請承諾的提問

在銷售對話中，潛在客戶會經過一連串邏輯推理，做出是否購買的結論，而承諾（之前在銷售中被稱爲「成交」的技巧），是這個過程的最後一步。

目前你已經：

- 展現你對潛在客戶問題的理解。
- 找出能解決潛在客戶問題的正確方案。
- 提出解決方案的執行計畫。

你眞是火力全開！但先別急著去拿滅火器。承諾可能是以下兩種形式其中之一：

一、承諾採取一連串中間行動，這些行動最終促成交易。

二、承諾購買你的解決方案，並跟你和你的公司做生意。

你會遇到必須決定採取什麼行動的時刻。你要麼提請對方承諾向你購買，不然就是**建議他們在探索歷程中進一步了解，逐步向最後決策邁進**。

促使對方做出堅實承諾，需要四個要素：

一、建立正向心態，並充分了解你必須達成的目標，才能推動潛在客戶向前邁進。

二、規畫與擬定正確的提問、知道如何發問，以及準確的傳達。

三、提出你的假設並提問，讓潛在客戶認為這是討論中自然而然的進展，幫助他們解決問題，並達成想要的結果。

四、聆聽他們的回答。一開始的答案可能是「不」。這並非否定，而是過程的一環，而不是終結。

在這個階段，你覺得推動潛在客戶向前邁進的關鍵是什麼？只有一件事：提請對方承諾採取行動！如果潛在客戶需要多走幾個步驟才能做決策，那你這時可根據需要來選擇使用銷售技巧。如果覺得對方決定向你購買解決方案之前需要更多步驟時，你可以提出一個陳述，然後問以下問題：

・如果你同意，我想建議我們下一步是……

再來，句子後半句接著說：

- ……更深入討論你提到的商業計畫。
- ……安排一場示範，討論我們如何解決你提到的問題。
- ……與公司其他人會面。
- ……細部檢視你提到的問題。
- ……再安排一次會議，看看我們是否能幫上忙。
- ……討論一下提案，讓你了解我們可能會怎麼幫忙解決這些問題，助你達成目標。

然後用以下提問為陳述收尾：

- **你看這樣合適嗎？**
- **這樣你願意試試嗎？**
- **這樣你接受嗎？**
- **這樣你覺得可行嗎？**

你要讓潛在客戶覺得自己是整個過程中的一部分，而不是感覺你和九九％的銷售業務一樣，想瞞騙他們。讓潛在客戶參與整個過程，這樣他們才會覺得你是來助一臂之力，而不是只顧著做生意。

想像上烹飪課時，你都預備好捲起袖管開始切菜，化身成心目中的廚藝大師了，結果發現，你只能在旁看著老師示範。這樣多無趣啊？這也保證了你下一堂課一定不會去。在銷售中，客戶參與也是同樣的道理。

話雖如此，但也要明白每個人的進展速度都不同。有時候，潛在客戶做出最終向你購買解決方案的決定之前，需要多次的小步驟。爲了讓他們持續參與，你也可以問：**「接下來你想要看到什麼？」**或是**「你想要……？」**直到涵蓋對方感興趣的所有內容爲止。

你也可以提一些問題，看看你和潛在客戶的想法是否一致，畢竟理解的步調不同，對話就不流暢，就像聊讀書心得，一人已經整本看完，另一人還停留在第二章時，談起來感覺就很差。這些問題稱爲「確認共識的問題」，該用於你的簡報中來維持潛在客戶的注意力。這些提問包含：

- **這樣能幫到你的忙嗎？**
- **你覺得這對你有哪些好處？**
- **這樣說明清楚嗎？**
- **我們目前談到的，你還滿意嗎？**
- **我們的看法一致嗎？**
- **你對這件事有什麼看法？**
- **你覺得它對你最大的幫助是什麼？**

你也可以提問，看看他們是否還有疑慮，像是：

- **這樣你可以接受嗎？**
- **到目前為止，你覺得如何？**
- **你覺得這看起來怎麼樣？**
- **你目前還有什麼問題想和我討論的？**

如果覺得潛在客戶已經準備好接受你的解決方案，並跟你做生意，那麼接下來你要學的是：至關重要的提請承諾提問。這點決定了頂尖一％銷售業務與一般般的銷售業務的差別。如果運用得當，可以讓你從表現平平，變成收入豐厚的一流業務員，這是做得到的！繼續加油。

在銷售流程的尾聲，你知道該提請對方承諾進入下一步行動，並購買你的解決方案時，可以問「**你覺得這是你要的解方嗎？**」或者另個問法是「**你覺得這會是你在尋求的目標嗎？**」

這樣的提問相當中立，成效卻很強。在銷售對話的互動階段中，如果你做得夠好，你的潛在客戶九五％會說「**是的，沒錯**」。賓果！但還沒結束喔！接著，你要提出這個「探究性」的問題：**「你怎麼會這麼認爲呢？」**

再次強調，你的提問不只是提問。爲什麼呢？因爲他們對**「你」**說爲什麼這個解決方案適合時，也是說給**「自己」**聽。他們自己告訴自己爲什麼你的解決方案最棒。他們來告訴你爲什麼想和你合作，你不覺得這比你來告訴對方更有說服力嗎？

想像一下，如果你家小孩像井裡的怪物一樣，從堆積兩週的髒衣服中爬出來，然後對你說：「我跟你說，我覺得我今天該來整理房間。」沒錯，你會嚇暈，但比起由你來告訴他們房間這麼亂有害健康，這樣不是更輕鬆有效嗎？你跟潛在客戶的情況也一樣，不過希望他們不會像井裡怪物或髒亂的青少年。

潛在客戶告訴你爲什麼想跟你合作後，接著你就問：**「你覺得實行／使用／擁有這個東西後能讓你達到目標嗎？」**這樣問的效果很大，因爲他們會在心中把你的方法視爲長期方案，是實現目標的眞正途徑。

接著，再用這個釐清細節的提問來問問他們：**「你爲什麼會有這種感覺？」**這也是一個NEPQ的探究性提問。然後，潛在客戶再次把這個解決方案適合的理由告訴你，以及他們自己。接著，你繼續第三個提請承諾的提問，說法如下：

・好的，我這邊沒有其他要跟你討論的了。看來你需要的內容，我們已經全都談到了。下一步就要來安排你的〔任何你銷售的東西〕——你可以轉帳或刷卡，到時候我們……

這時候你會告訴他們購買的後續步驟，再接著說：

・**這樣合適嗎？你現在希望如何繼續下去？**

或者你也可以使用這樣的提請承諾的提問：

・**接下來我們該怎麼做？**

只有在你眞正學會NEPQ新模式的技巧後，才能這麼問。這是一個猶如空手道黑帶一樣高段的NEPQ提問，效果非凡。不過，你必須知道萬一對方說了出乎意料的話要如何回應。

這也是一個非常強的「提請承諾提問」，可以在結尾使用，展現出你尊重對方與他們的意見。重要的是，要記得：他們在銷售流程的互動階段中已經說服過自己了。

從邏輯來看，你提出這個問題時，多數情況下他們會回覆**「我要怎樣購買？」**或者是提出幾個你能應對的疑慮和疑問。這就是得到承諾所需要做的。

切記，成交未必是生意的結束，它也可以成爲繼續討論的催化劑。成交是一個過程，即便是最優的銷售過程，也能因爲建立正向的商務關係而更上一層樓。

第十二章

商務關係再進化

生意是在經年累月中發展的。價值的衡量在於商務關係可以帶來的總效益，而不是看任何一筆交易能榨取多少利益。

——馬克・庫班，NBA 球隊老闆

有人說：「重要的，不是認識什麼，而是認識誰。」我們不認同。兩個都需要認識。建立有成效的商務關係對於成功很重要。人脈是銷售的命脈。在商界光是討人喜歡還不夠，必須要被人信任、尊重和重視。這樣要求很多嗎？嗯，確實，因爲沒辦法下載應用程式就讓自己神奇地獲得重視。你必須付出努力才行。當然，你也會希望尊重是雙向的。問對的問題有助於將你推向想要到達的境地。建立出這種信任和尊重時，你的業績就可能蒸蒸日上。

要讓收入一飛衝天，你需要的火力是「提請承諾的提問」。一旦放棄透過「預設式銷售」和「推進成交」來獲得你自以爲的功效，你就會擁有更上一層樓的能力。客戶在手機裡，會將你存成「可信賴的顧問／權威／行家／大師」，而不是封鎖你的姓名、號碼和電子郵件，這種價值無可比擬。

如果潛在客戶將你視為整個業界值得信賴的權威和專家，而不是隨便一個令人厭煩、畏懼又死纏爛打的業務員，你覺得自己的銷售轉化率會有什麼變化？以下舉幾個例子，說明在各行各業中，功力更上一層樓的新模式銷售「顧問」會如何說話：

- **賣教練課程**：「你覺得，這樣可以幫你達到自己想要的人生目標嗎？……為什麼呢？」
- **賣金融服務**：「你覺得，這是否能幫助你實現對投資組合、資產或更高報酬率的目標呢？……為什麼呢？」
- **賣壽險**：「你覺得，這是否能在你發生不測的時候為家人提供保障呢？……為什麼呢？」
- **賣房地產**：「你覺得，這是你想給自己與家人的家嗎？……為什麼呢？」
- **賣給醫師膝關節植入物或賣醫療裝置**：「你覺得這符合你的目標，能眞正幫助病患得到他們想要的成果嗎？……為什麼呢？」

還別急著把新模式銷售工具箱收起來，我們還有好幾項工具可以加入其中。

行程承諾

這指的是你在特定時間點提請承諾。先前的協議已經預備好，而且在對話中提出來，潛在客戶感受到他們的動力。他們已經認同你，也將你視爲值得信賴的權威，因此同意與你做生意是符合邏輯的結論。

現在絕對是提請承諾，推動下一步的最佳時機。

- **為了幫你實現這個目標，我們是不是可以拿出行事曆，安排後續步驟？**

請注意行事曆陳述的表達方式是「**爲了幫你實現這個目標**」。這顯示你**希望**實現潛在客戶的願望。

事實上，我們並沒有耍伎倆、使出華麗招式、跳個時下火紅的抖音舞步，也沒有使用特殊技巧。只要記住：永遠要抽離對於成交的期望，而且聚焦於了解是否有銷售機會。

但先等等，不要太自滿囉。你還是要謹慎，別催促潛在客戶和硬推解決方案。你要避免對潛在客戶施加任何銷售壓力，尤其在這個節骨眼，因爲假設你一直在注意這一點，潛在客戶這時就會非常難以拒絕你。

一旦到了這個階段，你可以向他們說明下一步要怎麼做，方法就是提出一個「有條件的決策」，例如：**「假設你要繼續……？我可以問一下，你什麼時候要……？」「這是你現在尋求的解決方案嗎？」**或是**「你計畫什麼時候……？」**你只需要在「刪節號」處填入你的方案如何解決他們的問題即可。

接著，你要建議潛在客戶採取的下一步行動，同時知會他們，**「你」**接下來會採行的步驟。

你有四種方法可以促成下一步行動：

一、潛在客戶主動提出要採取的行動。

二、潛在客戶希望你採取的行動。

三、你提議要採取的行動。

四、你希望潛在客戶採取的行動。

根據你遇到的情況，下一步行動會有所不同。在許多情況中，下一步行動就是付諸實行的初始階段，需要銷售業務和潛在客戶雙方進行一連串的任務。假設有疑慮阻礙了協議的達成，你必須採取任何能讓對話繼續的下一步行動，同時透過高明的提問幫助潛在客戶解決他們的疑慮。

以下是在這個關鍵階段必須記住的幾個終極訣竅：

- 避免任何銷售壓力——這時候壓力應該爲「零」。
- 使用鏡映技巧（也就是模仿對方的語言或肢體語言）和正向積極的肢體語言，比如點點頭表示贊同。
- 持續向潛在客戶確認，確保建議的任何下一步行動是適合的。
- 要知道，任何「有條件的決策」都能視爲一個決定。
- 不要使用「合約」這個詞，改用「協議」來表達。

・當下了解並因應任何疑慮。再次詢問潛在客戶是否還有其他想提出的疑慮。

只要正確遵循新模式系統，你已經幫助客戶向前邁進，也快要達成交易了。這時你已經成爲他們的首選。你會注意到對方如何對待與尊重你。在專業與零壓力的銷售對話中，雙方會分享各自的觀點。潛在客戶會表達自己的需求，而你憑藉聆聽技巧，能提出高明的提問，進而達成一個雙方皆大歡喜的最終決定。

不斷做五件事來拓展業務

現在你準備好要大展身手了，但是還有一件事必須提醒。如果你打算在銷售界待到下一代卡戴珊家族成員出世，那就不能安於現狀。你要不斷做以下五件事情來拓展業務：

一、維護好你已有的客戶群。

二、在這個客戶群中拓展機會。
三、運用當前的客戶群爲未來的業務鋪路。
四、開發新客戶。
五、最重要的一點，不斷精進自己來留住客戶。

傑洛米的好朋友布拉德・利（Brad Lea）是線上培訓課程的一流權威，他說：「培訓是你曾經做過的事，還是你每天做的事？」如果你想要成爲超級業務明星，而且每年收入超過數十萬美元，那麼培訓是你每天必做的事。如果你是企業負責人，希望銷售團隊每個月都能穩定達標，讓公司擴展到多數人望塵莫及的規模，那麼你的業務員一定要天天訓練！

想想體壇巨星，比如高爾夫球王老虎・伍茲、NBA傳奇球星麥可・喬丹、勒布朗・詹姆斯，以及美式足球巨星湯姆・布雷迪、派屈克・馬霍姆斯。他們是從前做過一些訓練，再來就不練了嗎？這還用問嗎？當然不是！他們每天訓練，始終設法提升技巧，讓自己進步。他們知道不這麼做，就會敗給競爭對手。銷售也是同樣道理。如果不訓練，你永遠不會進步，永遠賺不到更多錢，最終錯失原本能成交的銷售機會。

正如你在本書所見，傳統銷售技巧變得過時、落伍，也沒那麼有效了。你一定要不斷跟著我們提供的訣竅自我進化，並與時俱進。時常檢視自己，問問自己：**「我當前的業務表現如何？」「有哪些新的業務機會？」「我不必在哪方面多耗費時間了？」**

永遠不要害羞。主動請滿意你的客戶幫忙推薦。有些人不會主動提出，可是俗話說：「不問，就得不到」，所以在合適的時候一定要開口。推薦有強有弱。強力的推薦是，推薦人電話或發電子郵件引薦你。更強的推薦是，他們不僅引薦，還安排三方會議。以上全是「讓別人推薦你」應該設定的目標，請加上#字號，標記重點。

準備聽天大好消息了嗎？如果遵循新模式的策略，你到最後打的陌生推銷電話會越來越少，透過介紹來的客源占比反而增加。也許這仍取決於你的產業，不過通常接受這種方法訓練的銷售業務，最終根本不必打陌生推銷電話！你知道這有多棒嗎？只要預備好對的提問，透過別人推薦你，遠比隨機找個陌生人推銷更容易成功銷售。所以要注意了。

有個正確的提請推薦方式，這裡提供一個框架：

新模式的銷售業務：「我很榮幸能幫上你的忙。能不能請問你覺得，我在哪

方面帶給你最大的幫助？」

爲什麼這麼問？因爲對方**「自己告訴自己」**你是如何幫忙的，這時他們就是認同與接受你的幫助。自己說的，自己認同，這是最強的認同。

新模式的銷售業務：「針對這一點，你是不是也有認識的人可能面臨〔此處插入你剛為他們解決的問題〕？」

舉個例子，假設你賣的是幫商家處理信用卡支付的服務，可以問：**「針對這一點，你是不是也有認識的人遇到信用卡支付處理的花費過高問題？」**

當他們推薦了朋友或生意夥伴時，新模式的銷售業務會往下問更多詳細資訊。請注意詢問的方式，或者說得更具體一點，留意語氣。

新模式的銷售業務：「能不能請你多介紹一下這個人？你為什麼覺得我能幫助他？」

爲什麼要請對方跟你多介紹一下？這又回歸到在打電話之前先了解對方的資訊。不過，記住我們也希望對方**「認同」**這件事。這樣一來，他們很可能願意聯絡這個人，並幫你美言幾句。

新模式的銷售業務：「那麼，你認為最好如何聯繫對方？你覺得，是不是你先知會對方一聲，我再打電話過去？」

爲什麼要這樣問？因爲希望推薦你的人先去聯絡對方，這樣的推薦比較有效。當他們聯絡對方，並這樣說：「我要介紹一個我覺得或許能幫你的人」，那你更有機會聯絡到對方，並將這次推薦轉化成實際的合作。

新模式的銷售業務：「你覺得，到時你要說什麼？」

好，爲什麼要知道他們會跟對方說什麼？首先，你希望避免他們說出任何引發銷售阻力的話——太過技術性、不準確或是不得體的內容。安排好適當的溝通方式至關重要。因此，你要提供一些建議，幫助他們用合適的用字遣詞傳達正確的訊息。

新模式的銷售業務：「我能給個建議嗎？假如談談他現在面臨的一些困境，你之前也遇過類似的，然後我們是如何幫你解決這些挑戰的，這樣對他會不會更有幫助？」

他們通常會覺得這是個好主意。

新模式的銷售業務：「除了X以外，你覺得我還能幫助誰？」

「你覺得我還能幫助」的講法是關鍵詞。首先，這讓焦點集中在對方和他們的感受。第二，如果你是爲了幫助人，對方會比較願意推薦別人給你。

現在來討論如何打給受推薦人。

首先，我們來看看多數銷售業務在打給受推薦人時會怎麼說：

一般般的銷售業務：「嘿，瑪莉，我是ＸＹＺ的蜜雪兒・史考特。艾咪請我打給妳，她說妳會對我們公司的服務感興趣。她說妳想讓業務更上層樓。現在能不能耽誤妳兩分鐘，談談我們公司如何讓妳得到期望成果？」

注意這段話的重點放在誰身上——完全圍繞在銷售業務和她的解決方案，而不是潛在客戶。這是犯的第一個錯誤。再來，還有第二個錯誤。你千萬不要「預設」因爲透過別人介紹，受推薦人自然會感到興趣。我們來做英文拆字遊戲，「預設」的英文單字 assume 可以切分成「ass-u-me」，這樣就變成「愚弄」（ass）「你」（u/you）和「我」（me）……不可以隨便亂預設！

我們看過銷售人員犯這點錯誤，因爲他們打電話的時候非常熱情，假設受推薦人自動會感到興趣。所以，從一開始就要**「放下」**對銷售結果的執著，改專注於能不能幫到對方，以及是否眞的適合做交易。

記住，頂尖一％的銷售業務是問題的發現者與解決者，而不是硬推產品的推銷員。如果你硬推產品，別人就會一直這樣看待你，永遠不會認眞重視你，而你在忙著預設立場時，對方會開始上谷歌找其他家的最優惠價格。

當銷售業務預設對方會感興趣時，大多數人都會表現出一定的銷售抗拒。

我們接著來看上述情境的延續：

潛在客戶：「好，現在可以。」

一般般的銷售業務：「那太好了，我知道妳很期盼我們公司今天能提供的服務。妳看，我們XYZ公司已經成立十年，幫助超過四千家企業取得成功。現在讓我跟妳介紹幾件我們能為妳做的事，幫妳實現目標，最後妳就能做出資訊充足、深思熟慮後的決定，看是否與我們合作。」

如果你打從一開始就用上「推進成交」的招數，然後講銷售話術來告訴對方你能做到的事情，要讓對方做出「資訊充足、深思熟慮後的決定」，你覺得對方會有什麼感受？這種做法會自動造成銷售壓力。在現今的世界，壓力已經夠多了。如果你不希望潛在客戶逃之夭夭，就不要對他們施壓。

如果你還在講「最後就能做出資訊充足、深思熟慮後的決定」，快點把這個用詞去除掉。不管是燒掉、撕掉或毀掉。這種講法已經**無法**發揮作用了。爲什麼銷售業務老是愛用這招？

現在來想一下高爾夫球。如果你不太擅長，可能在十八洞當中只有一球打得好，其他則是不怎樣，但這讓你有動力不斷去嘗試，一直繼續回來打。這換成銷售的場景，如果你十八通電話當中有一通成功，你就在玩著拚數量的遊戲，然後說出忌諱的「做出資訊充足、深思熟慮後的決定」（一陣膽寒），潛在客戶已經感受到你給的銷售壓力了。

我們一定要汰除這種舊思維。如果你想成爲公司或是業界頂尖的一〇%、五%、甚至一%人才，就必須徹底轉變以往的思維模式，擺脫導致你目前結果（或者更準確地說，缺乏成果）的思維框架。

所以，假設你講出像「做出資訊充足、深思熟慮後的決定」這種NG的話，潛在客戶就會想：「這個銷售業務是想逼我買吧，我要說或做什麼來打發這個人啊？」但等等，情況恐怕更慘，他們可能根本沒在聽你說什麼。你沒讓對方參與過程，也沒以提問來了解他們的需求或問題所在，那他們爲什麼得聽你說，而不是去關心自己饑腸轆轆的肚子？

現在，我們來看看頂尖的銷售業務（深諳新銷售模式的人）實際上怎麼做，他們的方法天差地別，你準備好一探究竟了嗎？噢，等等，還有一件事要講。

絕對不要預設因為是別人推薦給你的，這個人就一定會感興趣。你的首要目標是多了解對方，以及他們是不是遇到什麼問題。記住，千千萬萬不可以預設任何事情。

以下是打給受推薦人時要說的話：

新模式的銷售業務：「嗨，請問是約翰嗎？我是傑洛米．邁納。我們共同的朋友/你的商業往來夥伴艾咪建議我打給你，因為我最近幫助她處理X情況造成的Y問題，她跟我說你可能也遇到類似的困境。請問現在方便聊一下嗎？」

注意看這段話中，銷售業務聚焦於解決問題。這絕對是最好的電銷方式。

現在，如果受推薦人想要跟你談呢？先別急著開心，稍微冷靜一下。我們來看看如何開啓對話：

新模式的銷售業務：「艾咪，很高興跟妳談，我們現在開始吧。為了避免重複妳已經跟吉姆講過的事，或許妳可以先分享一下，在你們討論後，妳有什麼想法，再說說妳希望我們接下來談哪些內容，這樣就能專注於妳的需求，以及可能想尋找的解決方案，這樣好嗎？」

這裡的關鍵詞「可能」屬於中性的用詞。在這個時間點，多數人還沒開始尋求解決方案，也根本不知道自己遇到問題。但你的工作是成爲問題的發現者，隨著運用新模式的方法，這些問題會浮現。將將！

現在最重要的是，你開始將這套方法付諸實踐。一旦開始實行後，就會看到豐碩的成果。

讓自己活躍起來，不要太安於現狀。如果有機會，可以在自己領域的會議上發言、參加社交活動，並加入商會。也要當個有遠見的人，在最意想不到的地方發掘商機——你旁邊那個穿著你最愛球隊吉祥物服裝、正在喝啤酒的人，搞不好變成你下一個最大的客戶。好啦，機率很低，但說眞的，誰也說不準。不過，要奉行ＡＢＬ（Always Be Looking）原則——隨時保持觀察。

你也要認清，總是有人無論如何都不會跟你買東西。不管你是否完全依循我們在本書教你的方法實行，有些人就是無法和你建立關係。這種事在所難免，人性就是如此。有時候，你確實必須選擇放棄。最重要的是，你要清楚自己想達成什麼。把目標寫下來、擬定計畫，然後付諸行動。

終章（但其實是起點）

新世界，新模式，
全新的面孔是誰？

歷經十二年反覆試驗與摸索，
也仔細觀察每位潛在客戶對我說的話產生的反應，
我發現，有些話會觸發銷售阻力和反對意見，
所以必須汰除這些用字遣詞與表達方式。
——傑洛米．邁納

一流的銷售業務對自己的初心非常明確。
在拿起電話或走進辦公室之前，
他們的初心永遠都是為客戶的最大利益著想。
他們把焦點放在客戶，而不是自己和自己的產品。
——傑瑞．艾卡夫

在理想世界中，銷售業務最重要的作用是啓發客戶的思維，而不是封閉他們的想法。不要再以賣家的心態行事，改用買家的角度思考。老派的銷售技巧已經不再奏效。就像《黑豹》中的烏卡說：「世界正在改變。很快只會剩下征服者和被征服者，我寧願成爲前者。」現在你擁有成爲銷售征服者的工具，好好運用吧！

現在你已經知道，舊的銷售模式聚焦於簡報和推進成交，但行爲科學告訴我們，光是用講述和硬推銷，最沒有說服力。人買東西是出於情感。這就是爲什麼你只是問了「對的提問」，但不知道發問時機，或者語調像機械人，潛在客戶會覺得像被偵訊。

相反的，你必須學習如何讓問題的表達聽起來很自然，就像好萊塢的演員一樣。想想傑洛米最愛的兩位明星：喬治・克隆尼和史嘉蕾・喬韓森。他們在電影中的每一句話完全是照著劇本來的，但感覺是在念稿嗎？完全不像。感覺很自然，很人性化，所以你喜歡看他們演戲。如果這兩位明星演得不夠好，他們的片段就會被剪掉，或者不能成爲院線片。銷售的情況應該也是同樣的。我們必須記住自己的提問、知道需要使用的調性，並了解在對話中如何表達這些提問才能讓人覺得自然順暢，就算這其實是一場精心設計、經過深思熟慮的有技巧交談。但並非所有對話都能帶給人這種感覺。你和潛在客戶的對話可能會讓人覺得勉強、不自然。與其這樣，不如讓對方自己說服自己，說服力會大增！

在銷售過程中，最大的問題永遠都是你還不知道自己有的問題。然而，一旦發現了，解決它就成了你的責任。現在你已經了解新銷售模式，也清楚自己當前的銷售能力與潛在能力之間的差距，那就準備好吧，因爲你的人生即將像搭乘 SpaceX 火箭一樣，衝上銷售的全新高度。

我們對於銷售的認知，大多根據已經崩塌的預設基礎。根據 Payscale.com 的數據指出，使用舊模式的銷售業務平均年收入約爲四萬九千零四十七美元，因爲這種模式與人類心理背道而馳。①當潛在客戶感覺到銷售業務把焦點放在自己的目標時，往往會生起防備、不願互動，甚至避而不見。記住：把你的自我、目標，與那些介紹舊式銷售技巧的書一起放回書架。順便把那些寒暄客套話也留在那裡吧。

新銷售模式不是以閒聊開場，也不會強迫銷售業務隨時表現得很熱情。這個模式能讓潛在客戶自己說服自己，並且建立信任感。採取新銷售模式時，你多數時間花在

① "Sales Representative Salary," Payscale, accessed October 12, 2022, https://www.payscale.com/research/US/Job=Sales_Representative/Salary.

與潛在客戶互動，著重在把「推銷員」轉變成可信賴的權威，幫助潛在客戶找到尋求的目標，而不是只推銷東西給他們。新模式消除了銷售業務和潛在客戶會感受到的銷售壓力。

永遠不要忘記：專注於潛在客戶的問題、問題成因，以及他們是否有意願改變現狀。不過，要拿捏好節奏。如果在對話初期就過早提出解決方案，可能會對你不利，因爲讓人覺得你急著要推銷自己的解決方案。潛在客戶會察覺到這一點，認爲你沒有聆聽他們的話，進而覺得你在浪費他們的時間，因爲看起來你只在乎賣東西給他們。如果你放下非得達成交易的渴求，並將這個過程中的五%留到最後再進行，你就能引導銷售過程，而不是在介紹產品時讓對話失焦。你可以的！

頂尖與普普的銷售業務之間的差別是：頂尖銷售業務是問題發現者。當潛在客戶對自己的問題誤解、困惑，甚至完全不清楚時，你身爲銷售業務的價值就顯得更重要了。透過高明的提問、好好聆聽、引出對方的情感，幫助他們辨識問題時，你的互動過程就會變成引導潛在客戶找出符合邏輯的解決方案。

聚焦於潛在客戶和他們想要的目標，也能降低雙方的焦慮，這就像銷售界緩解焦慮的大麻二酚舒緩油，盡量多多使用。但還要有耐心。在接下來十二個月內，你不會靠銷售就賺進數百萬美元。要達到這種收入，需要堅持、努力，以及學習更高階的新說服技巧。

從零到一總是最難的。但是，你已經踏出這一步，決定升級自己的作業系統，準備好迎接沒有上限的收入，也願意付出必要的努力來達成這個目標。

在這個過程中，別忘了要採取買家思維。如同你知道的，當今的買家畢業於「谷歌大學鍵盤靈通系」。換句話說，他們認爲自己是萬事通。他們知道你的綽號、你在大學參加什麼社團或學會，甚至是你養的第一隻寵物叫什麼名字（各位，別在臉書上回答這些探人隱私的問題）。

在現今的美國，一個豐田 Camry 汽車的潛在買家在踏入汽車經銷店之前，就能事先查好各種資訊。他們可以上網查詢，找到在住處一定範圍內賣同款車型的經銷店，獲得更多選擇。

他們可以利用社群媒體網站或瀏覽網站，找出每家經銷商的評價，看看以前的客戶滿意度如何。這就像銷售世界中的「鬼屋探險」一樣。買家永遠不知道會在 Yelp 評價網上找到什麼可怕的內容，要保持警惕，但儘管如此，仍然有很多人認爲，只要是網路上的資訊，就一定是眞的。

他們可能會造訪線上論壇，了解目前 Camry 的車主對這款車的看法。他們也可以查詢汽車評估與研究公司凱利藍皮書的網站、線上購車諮詢公司 Edmunds，或是汽車買賣的線上市場 Autotrader.com，了解二手的 Camry 賣多少錢。一旦找到自己喜歡的車，他們就能輸入這輛車的車輛識別號碼，透過快速的線上搜尋查看該車是否曾發生過事故或有重大維修。

在大多數情況下，消費者可以避免無良賣家。但是，萬一他們覺得交易吃了虧，或是感覺很糟或當了冤大頭，能做的不只是向最好的朋友抱怨一下而已，他們還可以告訴數千名臉書朋友、推特（更名為 X）追蹤者，或者自己部落格上的讀者。有些人又會把貼文轉分享給社群媒體的朋友，讓賣家做不成生意。這年頭賣東西可不容易呢。

當今的消費者更加精明、消息靈通、準備充分，而且對銷售業務說的話更難信任。他們還有社群媒體的加持，讓銷售業務面臨額外的壓力，不僅要做成生意，還要獲得 Yelp 五星好評。這不容易，但改變本來就是不簡單。銷售也一樣。不過，如果你好好與人互動，而不是扯一堆過時的銷售話術，這可以變得更輕鬆，也有趣許多。

千萬不要忘記：銷售的主軸是提供服務、找出人們想要什麼，並幫助他們得到。這一切都攸關發現問題與解決問題。再者，千千萬萬要記得：銷售的聖盃是可信度。

你對自家產品的了解比谷歌更深，如果潛在客戶認爲你可信、值得信賴且知識豐富，就更可能聽從你的建議和意見，而不是還在依循老派銷售業務給的建言。

銷售業務一定要記住五個影響購買的原則：

一、用買家思維取代賣家的行事方式，你的銷售成績會大幅提升。

二、你生意的好壞，取決於潛在客戶是否願意與你對話。

三、你生意的規模，取決於你能否提出引發客戶思考的問題。

四、高度施壓的環境往往會造成交流不足，進而導致缺乏有意義的對話。

五、不太施壓的環境能促進更多交流，也能提升客戶的接受度。

此外，你也要記住：在新銷售模式中，與潛在客戶的互動占整個銷售過程的八五%。這個占比很高，但只要記住成功互動的步驟，就不會太困攤，這些步驟就像益智問答節目《危險邊緣》的答案一樣。它們以提問的形式呈現：

一、建立關係的提問。

二、了解現狀的提問。
三、覺察問題的提問。
四、覺察解決方案的提問。
五、探索後果的提問。
六、篩選條件的提問。
七、過渡性的提問。
八、提請承諾的提問。

記住：在新銷售模式中，只有一〇%是簡報時間。這有點像交友軟體，但差別在於不會有尷尬的沉默時間，還有發現對方用了三十年前的舊照。你只要根據對方給的答案，然後爲他們媒合適當的產品特性和優點。

爲卓越銷售成果培養的一種致勝心態是認定，要在客戶面前表現出色，就必須努力精通**訊息傳達**，包含掌握必要的知識和語言，讓自己被視爲專家，並與互動對象建立寶貴的關係。你面對的是活生生的人，不是數字。對方喜歡感覺受重視和心聲被聆聽。你也是人，這也是你喜歡的方式，對吧？

懷舊很有趣，能回憶美好時光、美好的音樂、食物、氣味、聲音，但不見得能帶來生意。說到銷售，你現在要知道，懷舊未必能發揮太大作用，除非你在賣老歌CD，那就當我沒說。撇開諷刺不談，達爾文說的這句話很有道理：「能存活下來的條件，不是最強壯或智力最高的，而是最能應變的。」你不僅能應對變化，還能掌握變化。現在繼續加把勁，把新銷售模式練到登峰造極的境界吧！你行的！

連結和參考資源

想更上一層樓，可以加入我們的免費臉書社團：https://salesrevolution.group/，以及免費下載NEPQ 101 Mini-Course。

致謝

這裡要向你致敬，無論你是銷售業務、創業者、執行長、銷售領導者，因爲你放膽拿起這本書來閱讀。

這正是讓你與成效差的人區分開來的關鍵。那些安於現狀、懷疑有更好方法，而且一直推遲學習進階技巧的人，最終會遭淘汰。這是令人遺憾的事。

只有獨特且心態開放的人，認眞對待自己事業和技巧，才能意識到自己不見得掌握銷售的一切。他們可能會認爲，還有更多東西可以學習，才能讓自己加深影響力，並爲家庭和公司賺取更多錢。

實際上，眞正能催化潛在客戶改變現狀的人，正是我們這些銷售業務。我們也推動了他們實現生活和事業上想達到的成果。

如果我們不學會更有效地溝通，並在後信任時代順應人類行爲，其實是讓潛在客戶停留在現狀中。他們的問題會依然如故，什麼都沒有改變。當然，激發改變的責任，就在銷售業務的肩上！

因此，我們向你致敬，感謝你願意成長和進步的決心。你在應用本書提出的方法時，願你受到庇佑。當你從長久以來學到的傳統技巧（舊銷售模式），轉變到符合現今資訊時代買家需求的銷售方法（新銷售模式）時，請記住，我們會一路陪伴，支持你的每一步成長。

Eurasian Publishing Group
圓神出版事業機構
用心與你對話・視野無限寬廣
先覺出版社
Prophet Press

www.booklife.com.tw reader@mail.eurasian.com.tw

商戰系列 251

難推銷世代的新攻略：

嶄新提問法，業績一直來一直來

作　　者／傑瑞・艾卡夫（Jerry Acuff）、傑洛米・邁納（Jeremy Miner）
譯　　者／陳依萍
發 行 人／簡志忠
出 版 者／先覺出版股份有限公司
地　　址／臺北市南京東路四段50號6樓之1
電　　話／（02）2579-6600・2579-8800・2570-3939
傳　　真／（02）2579-0338・2577-3220・2570-3636
副 社 長／陳秋月
副總編輯／李宛蓁
責任編輯／林淑鈴
校　　對／李宛蓁・林淑鈴
美術編輯／林韋伶
行銷企畫／陳禹伶・黃惟儂
印務統籌／劉鳳剛・高榮祥
監　　印／高榮祥
排　　版／陳采淇
經 銷 商／叩應股份有限公司
郵撥帳號／ 18707239
法律顧問／圓神出版事業機構法律顧問蕭雄淋律師
印　　刷／祥峰印刷廠
2025年1月1日 初版

定價420元　ISBN 978-986-134-518-5

每個產業都會有自己的風險，但只要出現風險，就代表產業創新與顛覆的契機已然成熟。這是優點還是缺點呢？答案由你決定。

——《鎖定小眾：市場越窄，獲利越大》

國家圖書館出版品預行編目資料

難推銷世代的新攻略：嶄新提問法，業績一直來一直來 / 傑瑞．艾卡夫（Jerry Acuff）、傑洛米．邁納（Jeremy Miner） 著；陳依萍 譯
-- 初版 . -- 臺北市：先覺出版股份有限公司，2025.1
368 面；14.8 × 20.8 公分 （商戰系列：251）
譯自：The New Model of Selling: Selling to an Unsellable Generation
ISBN 978-986-134-518-5（平裝）
1.CST：銷售 2.CST：行銷心理學

496.5 113016099